Die große schwarze Kuh. Höhlenmalerei in Lascaux, ca. 17.500 v.d.Z.

VERLAG ANTJE
KUNSTMANN

UTA RUGE

DIE KÜHE, MEIN NEFFE UND ICH

Mit großen Tieren aufwachsen, leben und arbeiten

Verlag Antje Kunstmann

für Fenja

Die Menschen lernten etwas über die Natur, wenn sie in der Erde gruben, Samen ausstreuten und Pflanzen ernteten ... Sie lernten Natur kennen, wenn sie Holz und Stein bearbeiteten, mit Tieren lebten, sie aufzogen und schlachteten ... Sie haben gezogen, getragen und Entfernungen überwunden, sie haben die Kraft von Tieren, von Wasser und Wind genutzt ... Was sie von der Natur wussten, haben sie als körperliches Wissen erworben.

Richard White

RINDER nennt man nach der Geburt Kuh- oder Bullenkälber, als weibliche Halbwüchsige dann Färsen, Sterken oder Kalbinnen, nach dem Kalben sind sie Kühe. Männliche Rinder werden Bullen, Stiere oder, nach der Kastration, Ochsen genannt.

Nach der ersten Kalbung geben Kühe das erste Mal Milch. Um das nächste Kalb zu bekommen und weiterhin Milch zu geben, muss die Kuh entweder künstlich besamt werden, heute die Regel, oder der Bulle springt auf und begattet sie mit dem sogenannten Natursprung. Beides geschieht etwa drei Monate nach dem Kalben. Vor der nächsten Kalbung stehen Kühe etwa sechs Wochen trocken, d. h., sie werden nicht gemolken.

Ochsen werden bis heute in Afrika und Asien – früher auch in Europa – vor allem als Zugtiere genutzt. Sie sind ebenso stark wie Bullen oder Stiere, aber wesentlich ruhiger und lenkbarer als sie. Von Laien und auch in den Medien werden alle Rinder oft Kühe genannt, ebenso heißen Rinder in alten Texten oft Ochsen, auch wenn sie keine kastrierten Bullen oder Stiere sind.

INHALT

TEIL I

TEIL II

TEIL III

TEIL I

1 AUFWACHSEN MIT DER HERDE

SPÄTER HERBSTNACHMITTAG. Der Himmel ist verdunkelt von niedrigen Wolken, es regnet.

Ungerührt gehe ich durch Regen und Nachmittag die Trift hoch, um die Kühe zum Melken zu holen. Sie grasen auf der am weitesten entfernten Weide hinter dem Kanal. Ich stiefele durch den Matsch des von großen Treckerrädern aufgewühlten Wegs. Über Kopf und Rücken hängt mir ein grober Jutesack, dessen Ecken sind ineinandergesteckt, eine Kapuze wie für einen Riesen. Ich bin noch klein, der Sack hängt mir bis in die nackten Kniekehlen. In die hinein stoßen bei jedem Schritt die Schäfte der dünnen schwarzen Gummistiefel, saugen sich klebrig an und lösen sich wieder.

Umhüllt von modrig süßsaurem Geruch aus Jute, Getreidestaub und Feuchtigkeit, spüre ich das Aufspritzen des Regens in den Pfützen, höre das Ein und Aus meines Atems und das gurgelnde, saugende Einsinken und wieder Herausziehen der Stiefel aus den tiefen, wassergefüllten Schlepperfurchen. Dann kürze ich den Weg ab, laufe quer über die umzäunten Weiden, klettere über Drähte und grätsche über Gräben, und plötzlich springt ein Hase vor mir auf, reißt mich aus meinen Gedanken in die Gegenwart – und mitten hinein in ein rasend schlagendes Herz, umspannt von nassem Fell.

Mit einem Ruck stehe ich, starre dem flüchtenden Tier nach.

Dann setze ich mich wieder in Bewegung.

Lange blieb mir das Bild des im Sprung weit ausgestreckten Tieres auf der Netzhaut stehen. Es war noch da, als ich die vor dem Ausgang schon wartenden Kühe nach Hause trieb, im Stall die Ketten um ihre Hälse schloss, dicht an ihre großen, nassen Leiber gedrückt. Eingetaucht in den Geruch nach Kuh, Mist und Milch, half ich meinem Vater beim Melken. Das Bild des Hasen war noch da, als ich das Melkgeschirr säuberte und zum Abtrocknen auf die Haken an der Wand hängte, beim Umsetzen des Wasserkühlers, beim Tränken der Kälber. Es löste sich erst auf, als ich die Katze streichelte, die um meine Beine strich und auf ihrer Milch bestand, und als ich ihr Fell unter meiner Hand spürte.

Nichts an der Natur war heilig, alles war Arbeit, vor allem unsere Tiere. Breitbeinig im Mist stehend, hoben und schoben, drückten und zogen wir die kleinen und großen Tiere dorthin, wo sie stehen oder liegen sollten. Wir sprachen mit ihnen, schmeichelnd, aufmunternd, drohend. Wir legten die neugeborenen Ferkel mit ihren Schnäuzchen an das Gesäuge der Sau, schoben einen Finger in die Mäuler der Kälber und zogen ihre Köpfe nach unten in die Eimer, denn dort war die Milch zu finden, nicht oben, im instinktiv von ihnen gesuchten Euter der Kuh, deren Milch wir für uns und zum Verkauf beanspruchten. Wir drückten die Kühe, die wir am späten Nachmittag von der Weide zum Melken in den Stall geholt hatten, ein Stück näher an die vom Balken herab zum Boden führenden Ketten, um sie anzubinden. Als Kinder mussten wir unser ganzes Körpergewicht einsetzen, um die großen Tiere einen Schritt weiter zu bewegen, die mindestens zehn- oder zwanzigmal schwerer waren als wir. Und außerdem mit gleich vier Beinen ausschlagen oder ihre Füße mit scharf behornten Klauen auf unsere im Sommer oft nackten Kinderfüße stellen konnten. Mit Kraft und Vorsicht mussten wir unsere Schultern gegen ihre Schultern lehnen, um sie ein paar Zentimeter näher zur Kette zu bewegen. Und manchmal hielt eine Kuh dagegen.

Wir stießen uns an ihnen – und sie sich an uns. Wenn sie uns widerstanden oder sogar gegen uns ausschlugen, dann schlugen wir oft zurück, obwohl wir das nicht sollten. Und weil es auch nichts half, nur Ruhe und Geduld halfen.

Mal rissen wir uns bei der Arbeit mit ihnen die Haut an einem Holzbalken auf, an dem wir uns hatten festhalten wollen, oder spritzten uns mit klebriger Milch voll, wenn die Kälber ungeduldig gegen die Eimer stießen, quetschten uns Hand oder Fuß in einer zu schnell zuschlagenden Stalltür oder rutschten im Mistgang aus, zerrten uns einen Muskel und humpelten weiter. Wir mühten uns alltäglich mit Schwere und Feuchtigkeit, Hitze und Kälte, hielten das Brennen von Mückenstichen und Brennnesseln aus, das dumpfe Bohren in einem gequetschten Daumen – und vergaßen den Schmerz bei der Arbeit. Wir kannten die Gerüche der verschiedenen Tiere und auch den ihres Dungs, konnten Pferde- und Rindermist unterscheiden und natürlich auch den von Schweinen, Hühnern und Enten. Beim Ausmisten der Ställe mischte sich in ihren Geruch unser eigener Schweißgeruch und begleitete die in Armen, Beinen und Rücken brennende Anstrengung vom Stoßen, Schieben und Heben, Aufladen und Abwerfen.

Das war unser Erleben von Natur, unser Lernen von ihr und über sie, es war das Verrichten einer Arbeit, die nie fertig wurde und jeden Morgen von Neuem begann.

Dazu kam die Stille. Unsere Stille.

Natürlich machten die Tiere Geräusche, gnurschten beim Fressen, pupsten und blubberten beim Misten, und die Ketten klirrten, wenn sich das Vieh legte oder aufstand. Wir nahmen es kaum wahr, gingen durch diese Fülle aus Geräuschen und Gerüchen hindurch, umwoben von den Klängen der Stöße gegen Stein oder Holz, hart oder hohl, ein Plumpsen, Brummen und Stöhnen, ein Klacken, Knacken und Knistern. Jeder Ton sagte uns, wo im Raum wir und das Vieh gerade waren, in welcher Phase der Arbeit. Und zu den Gerüchen und Klängen gehörte auch die Melkmaschine, das Knattern und Heulen ihres Motors, sie roch nach altem Öl, und das schönste Geräusch war, wenn man den roten Knopf nach dem Ausmelken der letzten Kuh endlich wieder eindrücken und die Maschine ausschalten konnte. Das war ein Ausatmen des ganzen Stalles.

Durch dieses Klang- und Geruchsbad bewegten wir uns ganz selbstverständlich, hatten und brauchten keine Worte dafür. Im Umgang mit den Dingen und dem Vieh stellten wir den Lärm und die Gerüche selbst mit her, gehörten dazu, waren Teil davon.

Unsere Stille war keine Totenstille, kein andachtsvolles Schweigen. Es war eine lebendige, feine Musik, die wir beständig mit allem anderen zusammen gleichzeitig komponierten und erzeugten. Die Rhythmen und Melodien stellten sich her aus unserem Wollen und Tun, aus dem, wie wir von den Tieren erschmeichelten, dass sie uns gaben, was wir von ihnen wollten. Im Sommer war unsere Arbeit in helle, leichte Töne gebettet. Durch weit geöffnete Türen hörten wir im Hof draußen vielleicht noch jemanden sprechen oder einen Hund bellen. Die Schwalben flogen in den Stall herein, wurden von fordernd piepsenden Küken im Nest erwartet, zwitscherten einander zu. Im Winter klang alles gedämpft, die Türen waren gegen die Kälte geschlossen, Heu und Stroh lagen auf der Diele und auf dem Heuboden über den Tieren, ihre Masse saugte die hohen und leisen Töne auf, schwächte sie ab, das Klirren der Ketten, das Knistern des Strohs, das Brummen und Rülpsen der Tiere und auch die Schritte der Menschen. Die Gerüche – von Kühen und Mist, ihrer Milch und ihrem Futter – übertönten die Geräusche.

Die Bäume, die den Hof umstanden, boten sommers wie winters eine schützende Umgrenzung, sie rauschten im Wind, aus ihnen tönten Vogelrufe. Wenn sich Wildtiere im späten Herbst und Winter den Höfen näherten, stimmten die Fasane in das Rufen ebenso ein wie unsere Hühner, der Hahn und die benachbarten Enten. In dieses Nebeneinander der häuslichen Tiere, ihrer Körper und Bewegungen, und der frei um den Hof herum lebenden, der Igel, Hasen, Vögel und am Rande der Felder auch der Wildschweine und Rehe, mischte sich unsere eigene Körperlichkeit – mit Atem, Herzschlag und Bewegung. Unsere Stille bestand in den nahezu wortlosen Abläufen gemeinsamer Arbeit.

Mit ihren Tieren vergrößern die Menschen den Raum um sich. Sie schaffen einen Hof durch Ställe und Scheunen, ziehen Zäune um Weiden, sie halten die Tiere bei sich, markieren sie als Eigentum, schützen andere vor ihrem Tritt, Biss und Mist.

Wo immer Menschen sich niedergelassen haben, tauchen bald auch ihre Tiere auf, mindestens Katzen und Hunde, meist Schafe, Ziegen und oft, wenn auch nicht immer, Schweine, dazu Rinder und Pferde, Hühner, Enten, Gänse und Truthühner. Tiere haben immer schon die Fantasie der Menschen angeregt. Noch vor der Domestizierung schnitten, gravierten und ritzten frühe Menschen die Umrisse und Leiber der sie umgebenden Tierwelt in Höhlen- und Felswände, zeichneten und malten Bären und Wildkatzen, Rentiere und Mammuts, wilde Pferde und die urwüchsigen großen Wildrinder, Wisente und Auerochsen. Und schon die frühen Homines sapientes schmückten die Dinge ihres alltäglichen Bedarfs, ihre Gefäße, Geräte und Höhlenwände mit den Leibern, Köpfen, Klauen, Hörnern und Flügeln großer und kleiner Tiere. Sie stellten sich vor, Verwandte von Tieren zu sein, wie noch heute einige indigene Kulturen in Südamerika. Sie stellten sich ihre Götter und Göttinnen als Tiere vor, als Menschen mit den Attributen von Tieren, mit Hörnern, Flügeln und Klauen, so wie sie sich selbst auf der Jagd als Wild verkleideten. Sie kreierten Fabelwesen, halb Mensch, halb Tier, als Wächter ihrer Paläste und bedeckten die steinernen Leiber über und über mit Schriftzeichen.

In all dem lag, so glaube ich, gleichermaßen Angst und Ehrfurcht gegenüber der wilden und der gezähmten Welt. Und neben einem gewissen Stolz auf die Unterwerfung der Tiere drückt sich darin auch, behaupte ich, eine Dankbarkeit aus – für die Hilfe, die man von den Tieren bekam.

Wann begann das alles? Irgendwann half der Hund mit seiner Wachsamkeit, Katzen halfen mit ihrem Hunger auf Mäuse. Irgendwann haben Menschen verstanden, dass Schafe und Ziegen, Rinder und Pferde, Kamele und Lamas mit ihrem Mist die Äcker düngen und dass er gemischt mit Lehm und Stroh zum Hausbau dienen konnte ebenso wie in getrockneter Form als Heizmaterial. Dass manche von ihnen gezähmt und geritten werden konnten, dass sie Lasten trugen und zogen, dass man Ziegen und Schafen die Wolle, den Kamelstuten und Kühen Milch abnehmen und sich die Milch mit Lämmern, Fohlen und Kälbern teilen konnte, und dass sich die Hühner ein paar Eier aus dem Nest nehmen ließen, die man dann der eigenen Nahrung zusetzte. Nicht zuletzt aus dieser Nutzung erwuchs die ungeheure Masse von Menschen auf der Erde – und daraus folgend eine immer weiter wachsende Menge von Tieren, die uns ernähren.

Das ist bekannt – und es wird, so scheint es, wegen der immer deutlicher werdenden Übernutzung des Planeten durch uns und unsere Tiere zunehmend bedauert und bereut. Dieses Bedauern formulierte der amerikanische Evolutionsbiologe Jared Diamond in einem Aufsatz 1987 besonders radikal, in dem er die Erfindung der Landwirtschaft als den schlimmsten Fehler der Menschheit bezeichnete. Könnte es in einer Gegenbewegung zur Nutzung der Tiere tatsächlich so weit kommen, dass die Viehhaltung, mindestens in Europa, zu Ende geht? Und was würde damit verschwinden – auch in uns und unserem Denken über uns selbst?

Wie fühlte und wie fühlt es sich an, so direkt und nahe mit Tieren zu leben, als Kind mit ihnen aufzuwachsen, mit den aus Nähe und Gemeinsamkeit stammenden Gerüchen und Geräuschen, dem deutlichen Gespür für Borsten, Fell und Federn in der Hand? Und wie ist es, im ganzen Körper ein Gefühl zu haben für die Räume, die man sich teilt mit kleinen und großen Zwei- und Vierbeinern? Wie bestimmt es das eigene Sein, die Wahrnehmung von sich selbst, wenn Tiere neben uns hüpfen, flattern, rennen, sich gegenseitig schubsen, begatten, bedrängen und fressen? Wie und wodurch haben wir gelernt und geschafft, die Tiere so nüchtern zu lieben, dass wir für sie sorgen konnten und sie dann weggeben, sogar schlachten, wenn es nötig war?

Auf welche Weise löste sich am Ende die kindliche Identifikation mit den Tieren auf? Sodass wir begriffen, dass sie Tiere und dass wir Menschen sind.

Und dass Tiere und Menschen sich zwar ähneln, aber doch nicht dasselbe sind.

Es war nur ein kurzer Weg. Und dann doch auch ein sehr langer.

Immer wieder bin ich als Erwachsene und inzwischen in der Stadt lebend ausgerechnet in Museen auf Erinnerungen gestoßen, die einem Kinderleben mit Tieren geschuldet sind. Einmal stand ich in Brüssel vor einem kleinen Gemälde, es heißt »Das Mädchen mit dem toten Vogel« – und es traf mich tief. Es stammt wohl aus dem 18. Jahrhundert, der Maler ist nicht bekannt. Ein kleines Mädchen steht vor einem schwarzen Hintergrund, ein bleiches Kind mit allzu roten Backen und tieftraurigen Augen. Ein blassblaues Tuch hält ihm das Haar aus dem Gesicht, das Blüschen ist mit hellen Schnüren über der Kinderbrust gehalten, dazu ein heller Rock, auf dem sich die Kinderhände treffen im festen Griff um den toten Vogel. Das braun gefiederte Vogeljunge ist frisch geschlüpft, man sieht es an dem gelb geränderten Schnabel, Signalfarbe für die fütternden Eltern. Es liegt schlaff im Griff des Kindes, sein Bauch zeigt nach oben, der Kopf hängt rücklings dem Betrachter entgegen, das Kind schaut still aus dem Bild. Enttäuscht? Vorwurfsvoll? Schuldbewusst?

Jemand, der es zu wissen scheint, sagt neben mir zu seiner Begleiterin: »Es ist ein Erinnerungsbild an ein gestorbenes Kind. Der Vogel vertritt den Tod des Kindes.«

Aber ich denke trotzdem, dass das Kind den Vogel getötet hat.

Die Schuld des Kindes ist meine.

Es war an einem Sonntagnachmittag im späten Frühjahr. Die alte Ente saß auf ihren Eiern und ich war der Meinung, dass sie schon zu lange brütete. Ob sie auf unbefruchteten Eiern saß, die unter ihr nun langsam verfaulten? Oder wiesen einige Eier etwa schon Spuren davon auf, dass die Küken ausschlüpfen wollten? Hatten sie mit den kleinen Schnabelhöckern, die sich später fast spurlos zurückbilden würden, schon die Eierschale von innen angeritzt? Ich wusste noch nicht, wie lange es dauern kann vom ersten Anritzen der Eierschale bis zum vollständigen Ausschlüpfen eines Kükens. Die nötige Geduld hatte ich noch nicht gelernt. Vielmehr stand ich irgendwann an diesem Nachmittag mit solch einem Ei in der Hand an dem Ausgussbecken in der Küche. Ich hatte abgewartet, bis die brütende Ente einen Moment ihr Nest verließ und sorgsam mit dem Schnabel das Gemisch aus Daunen und Stroh über die Eier zog, wärmendes Material, das nicht nur das Nest im Inneren polsterte, sondern es auch reichhaltig umgab. Ein wenig gestunken hatte es da, und zwar nicht nach den Schweinen, die nebenan zufrieden in ihren Koben grunzten, sondern vergoren und faulig.

Langsam pulte ich die Eierschale ab, unter ihr war noch die zähe weiße Haut, die das Ei innen auskleidet. Das Küken wollte ich herausholen, ihm helfen, sah mich gewissermaßen als Hebamme dieses rätselhaften Vorgangs, des Schlüpfens. Aber was ich dann vorfand und was in meinen Händen blieb, war ein trauriges, von einer Sekunde zur anderen lebloser werdendes, nasses Küken, das an seinem Hintern einen dicken, gelb-blutigen Sack trug, den Dottersack. Den in sich hineinzuziehen hatte es durch meinen Eingriff nicht mehr die nötige Zeit gehabt. So starb es, bevor es gelebt hatte.

Beschämt hielt ich das tote Küken in den Händen, und ich weiß nicht einmal, ob ich es der unbesorgt weiter brütenden Ente wieder untergesteckt habe, vielleicht in der Hoffnung, dass es durch die Wärme zurück ins Leben käme. Falls ich es getan habe, wird die Ente es bald umstandslos aus dem Nest befördert haben.

»Ich habe Lust, Fleisch zu essen«, schreibt Moyshe Segal aus dem belarussischen Witebsk 1922 über den kleinen Jungen, der er einmal war. Da hatte er seinem Großvater beim Schlachten einer Kuh zugesehen. Aber vor der Lust auf Fleisch und vor dem Schlachten war er zu dem Tier in den Stall gegangen.

»Ich strecke die Arme aus, um ihr Maul zu streicheln und ihr ein paar Worte zuzuflüstern, dass sie ruhig sein soll, dass ich kein Fleisch essen werde; was sollte ich weiter tun? – Sie hört, wie der Roggen wogt, und hinter der Hecke sieht sie den blauen Himmel.«

Als er das schrieb, nannte sich Moyshe Segal seit zwei Jahren schon Marc Chagall und lebte in Paris. Er hat in dieser Zeit ein sehr großes Bild gemalt, über zwei Meter breit und einen knappen Meter hoch. Ein Viehhändler sitzt in der Mitte des Bildes auf dem Kutschbock seines Wagens, auf riesigen gelben Rädern rollt er über den Halbkreis des Horizonts. Auf dem Wagen liegt eine blaue Ziege. Der Händler hat eine Peitsche in der Hand, aber er dreht sich um zu einer Frau, die hinter seinem Wagen hergeht und ein Kalb auf den Schultern trägt. Auch die Frau blickt zurück, als wäre da in der Vergangenheit etwas, das mehr Aufmerksamkeit verlangte als der Weg, den ihre Füße gehen, dem Wagen des Viehhändlers nach. Das Kalb auf ihren Schultern sieht aus ängstlichen Augen nach vorn, wie auch die ruhige, großäugige Stute. Sie zieht den Wagen des Händlers vielleicht schon viele Jahre lang. In ihrem Bauch liegt ein Fohlen, alle viere nach oben gestreckt, ein ungeborenes Fohlen in einem durchsichtigen Pferdebauch. Der Kutscher aber tritt der Stute gegen den Schenkel, sein Stiefel zielt, verlängert man die Kraftlinie des Beines, auf den Kopf des Ungeborenen.

Chagalls ländliche Szene ist gegen einen schwarz-blauen Hintergrund gesetzt und ich frage mich, ob diese ewige Nacht, in der Händler, Pferd, Wagen und Frau auf dem bunt gemusterten Erdenrund gehen und fahren, den frühesten Morgen bedeutet, den dunklen Tagesanbruch, den all jene erleben, deren Arbeit früher am Morgen beginnt als die der anderen, die mit sauberen Händen und weißen Kragen ihr Geld verdienen.

In die Schwärze des Bildes hat der Maler noch ein paar andere Gestalten gesetzt, etwa die Köpfe eines Paares im Vordergrund, eine ältere Frau mit Kopftuch, die den jungen Mann neben sich, ihr uniformiertes Söhnchen, denkt man, deutlich ausschimpft. Vielleicht kann sie sich aus dem Aufruhr ihrer Gefühle heraus nicht anders helfen gegenüber dem Jungchen, das gerade frisch zum Militär auszieht – ein Kalb zum Schlachter. Und wem gehört das seltsame Auge, das ohne einen erkennbar dazugehörigen Körper von Tier oder Mensch im Astwerk eines Bäumchens schwebt? Vielleicht ist es das Auge des Betrachters, das immer etwas anderes sieht, je nachdem, zu wem es gehört.

Ich bewundere die Wahrheit, die im Nebeneinander von fröhlichen Farben und dem Schwarz des Alls, in der Angst des Kalbes auf den Schultern der Frau und dem ruhigen Vorwärtsgehen der Stute liegt. In dieser sanften Pflichterfüllung der trächtigen Stute und dem groben Tritt des Viehhändlers, dem Gehen in die eine Richtung und dem Blick in die andere. Es ist dieses melancholische Wissen über die Ambivalenz des Menschen, wie sie Chagall auch in seiner Erinnerung ausdrückt, als er vor dem Schlachten der Kuh versprach, ihr Fleisch nicht zu essen, und der seiner Lust auf Fleisch nachgibt, nachdem sie geschlachtet war.

Die Schwärze des Morgens, wie sie Chagall in seinem Viehhändler-Bild zeigt, lässt mich auch an den persischen Mystiker Rumi aus dem 13. Jahrhundert denken. Er schrieb einmal: »Die Brise im Morgengrauen hat Geheimnisse zu verraten, geh nicht zurück ins Bett.« Ich frage mich, ob Rumi wusste, was schon vor dem Morgengrauen los ist in Stadt und Land bei allen, die heben und tragen, schieben und schrauben und putzen, die Stein auf Stein setzen, säen und ernten, Kohle aus dem Berg und Fische aus dem See holen, die Wasser heranschaffen, Feuer anzünden, melken und das Vieh füttern, bevor sie die Kinder anziehen und ihre Nahrung zubereiten.

Oder er hat sie sogar gemeint, und dass sie alle ihr Geheimnis tragen in der Stille und Tragik ihres Tuns.

Kälber kommen mit den Füßen zuerst in die Welt. Wenn sie richtig liegen, sind es die Vorderbeine, auf denen der Kopf liegt, manchmal hängt ihnen eine blaue Zunge weit aus dem Hals. Gelb schimmert das Horn ihrer weichen Klauen, die gerade eben noch von Fruchtwasser umgeben waren. Manchmal liegt ihnen die feuchte, weiß-rot-blau schimmernde Haut der Fruchtblase, in der das Tier bisher gewachsen ist, eng am Kopf, manchmal platzt die Fruchtblase erst spät und das Kalb schluckt viel Wasser. Das Kalb kann, wie ein Menschenkind, falsch herum in den Geburtsvorgang eingetreten sein. Wenn es dann rückwärts herausgedrängt wird, die Hinterbeine zuerst zu sehen sind, ist die Gefahr seines Ertrinkens im Fruchtwasser groß und erfahrene Bäuerinnen und Bauern werden in ihren Handreichungen eiliger, damit die Geburt schleunigst zum Ende kommt. So oder so waren es wohl das Stöhnen und Keuchen, das hohe Muhen und tiefe Brummen der gebärenden Tiere, vielleicht auch das Blut, weshalb uns die Eltern anfangs aus dem Stall scheuchten, wenn es ernsthaft losging mit dem Kalben.

Paarung, Geburt und Tod – das erlebten wir zuerst bei den Tieren, lernten es fürs Leben. Und lernten auch die Wörter dafür. Ich erinnere mich, dass ich schon lesen konnte und mich täglich ausprobierte beim Zeitungslesen, als ich auf das Wort »schwanger« stieß und meine Mutter fragte, was »schwanger« ist. Das ist, wenn eine Frau ein Kind erwartet, hörte ich.

Wir waren in der Küche, das Geschirr war gespült, das Zeitunglesen füllte die Mittagsträgheit nach dem Essen. Ich hob den Blick und sah durch das Fenster, wie die alte Katze über den Hof zum Schweinestall lief. Sie hatte einen sehr dicken, hängenden Bauch und wir wussten, dass sie schon nach dem Ort suchte, wo sie ihre Jungen werfen und die blinden Kätzchen verstecken würde.

»Also ist die Katze schwanger?«, fragte ich.

Meine Mutter lachte. Ja – und nein. Gleich lernte ich, dass wir es bei den Tieren anders nannten, nämlich »trächtig« und »tragend«. Mir gefielen diese Wörter, denn die Schwere des Tragens, diese Zusätzlichkeit des Gewichts sah man ja auch der Katze an, die etwas weniger flink und elegant als sonst jetzt im Schweinestall verschwand.

Wie viele Monate oder Wochen Katzen tragen, wie lange es bei Kühen, Hunden, Pferden oder Schweinen dauert, wie lange Enten, Hühner und Gänse brütend auf den Eiern sitzen – diese Fragen schlossen sich an. Die Antworten merkte ich mir, oder vergaß sie auch gleich wieder. Immer behielt ich, wenn es hieß, »genauso lange wie bei den Menschen« – das war nämlich bei den Rindern der Fall, eine Kuh trug neun Monate. Und dann kalbte sie, während Katze und Hund warfen, das Pferd fohlte, die Sau ferkelte oder warf. Die Hühner- und Entenküken wurden nicht geworfen, nicht aus weiblichen Tierleibern hervorgebracht, sondern sie schlüpften, so hieß das Wort hier, von alleine aus dem Ei. Sie hackten von innen die Eierschale durch und befreiten sich so von der Hülle, in der sie gereift waren.

Auch bei den Pflanzen gab es das Säen und Reifen, die Keimung nach der Aussaat und Berührung mit der feuchten Erde, dann den Aufwuchs. Das konnten schon wir Kinder verfolgen, Blühen und Reifen, schließlich die Ernte, das Abschneiden und Einfahren und

Lagern für den Winter von Obst, Heu und Getreide. Und das Ausgraben von Kartoffeln und Rüben aus der Schwärze des Bodens.

Reifungsvorgänge, Arbeitsvorgänge.

Vor dem Schlüpfen, Werfen, Fohlen und Kalben kam die Paarung. Auch das war alltäglich gesehen und gewusst. Ob ich einmal ausdrücklich danach gefragt habe, weiß ich nicht mehr. Vielleicht war da schon beim Beobachten oder bei zotigen Bemerkungen in der Nachbarschaft gleich eine Verlegenheit mitgeliefert worden, eine Beklemmung, die entstand aus dem, was als Gewaltakt auf männlicher Seite, als Ertragen auf weiblicher wahrgenommen wurde. Wieso eigentlich wurden Hahn und Bulle zu Symbolbildern männlicher Kraft und Potenz und wieso blieben auf der weiblichen Seite nur das dumme Huhn, die dumme Kuh und die dumme Gans übrig? Eigentlich doch erstaunlich – diese Verächtlichkeit gegenüber dem Hervorbringen, Gebären, der grundlegenden Produktivität.

Unsere Beziehung zu den Tieren war eine der kindlichen Identifikation – aber von Anfang an war sie ambivalent. Wir waren das Tier, und doch waren wir ja auch der Mensch, der mit ihm arbeitete. Wir wurden weder angebunden, noch stand uns für die Zukunft das Melken bevor – und das Schlachten erst recht nicht. Gleichzeitig senkte sich im Zusammenleben mit ihnen auch das Bewusstsein der eigenen Verletzlichkeit tief in uns ein.

So war es ein Spiel, wenn ich Gefangenschaft und Abhängigkeit ausprobierte, mich einsperrte, mir die Kuhkette um den Hals legte, die Trift hochtrottete und mich als Vierbeiner dachte, über Gräben grätschte und wie ein Pferd über eigens dafür hingelegte Äste sprang, Reiter und Pferd in einem. Ich wühlte mit der Hand in der Erde und stellte mir vor, ich hätte statt der Hand einen Rüssel, oder bewegte auch meinen Kopf in hektischem Picken zu Boden.

So war ich Kuh, Pferd oder Schwein, sogar zu einem Huhn wurde ich, obwohl ich Hühner nicht mochte. Mir missfiel ihr Gerenne im Zickzack mit vorgestrecktem Kopf und Schnabel, dass sie aussahen wie ein Pfeil, der aufs Ziel zufliegt – und der zu meinem Ärger kurz vorm Ziel abbog, wenn ich sie abends in den Stall treiben wollte. Da liefen sie zwar vor mir weg, was sie ja auch sollten, nämlich Richtung Stall. Aber dann schlüpften sie nicht etwa durch das Hühnerloch in den Stall hinein, sondern brachen kurz zuvor seitlich aus, als wären sie blind und sähen den Eingang nicht, und alles fing von vorne an. Natürlich versuchen fast alle Tiere, die man treiben will, dieses seitliche Ausbrechen oder sogar Umdrehen und Zurücklaufen. Selbst große Kühe – und alle Kühe waren für mich als Kind sehr groß – drehten sich, in die Enge getrieben, geschickt auf dem Absatz um und rannten wieder in die Gegenrichtung. Aber den Kühen nahm ich es nicht übel, und die meisten ließen sich ja auch treiben. Hühner dagegen waren genauso kopflos, wie man es ihnen nachsagte. Dass es mein ungeduldiges Treiben war, das sie ängstigte, machte ich mir natürlich nicht klar. Wenn es dunkel wurde, würden sie von selbst den Stall aufsuchen, dort zu den Sitzstangen auffliegen und sich im Schlaf aneinanderruckeln, ihre Lider würden sich in der Dunkelheit und Wärme des Stalles bald von oben und unten gleichzeitig weiß über die Augen schieben, ihre Krallen sich fest um die Stangen schließen und sie im Schlaf aufrecht halten. Und manchmal mochte ich ihre Sturheit ja auch, mit der sie etwa auf ihren Nestern sitzen blieben, wenn ich ihnen die Eier einzeln unter dem warmen Bauch herauspflückte, und wie sie sich dann nur ein ganz kleines bisschen anhoben und den Kopf neigten, um mit einem Auge den Feind, diese Kinderhand, zu betrachten, ungläubig und tantenhaft empört.

Wenn ich nun fand, sie sollten früher im Stall sein, als ihre eigene Natur sie nötigte, dann setzte ich mein Bedürfnis gegen ihres. Ich wollte endlich ins Haus gehen und die dreckigen Klamotten ausziehen, mich waschen und umziehen können und auch nicht später noch einmal zum Verschließen des Hühnerlochs rausgehen müssen. Womöglich würde ich es vergessen, und womöglich wären in genau dieser Nacht ein Fuchs oder ein Marder gekommen und hätten im Hühnerstall ein blutiges Schlachtfeld hinterlassen.

Meine Haltung war eine Mischung aus Verantwortung für die Tiere und ein Unwille, sich von ihnen vollständig den Ablauf des Tages oder Abends diktieren zu lassen. Mit anderen Worten: Ich wollte etwas beschleunigen, was sich nicht beschleunigen ließ. Wenn wir morgens zum Schulbus gingen, der gegen halb sieben durchs Dorf fuhr, wurde im Kuhstall längst gemolken, und natürlich waren auch die Hühner - wenn es hell war zu dieser Uhr- und Jahreszeit - schon draußen und scharrten eifrig in der Erde. Gerne ließ ich sie morgens auf dem Weg zur Schule hinter mir.

Auch die Schweine, die wir ein paar Jahre lang noch hielten, waren mir nicht so sympathisch. Ich mochte weder ihren Geruch noch den ohrenbetäubenden Lärm, mit dem sie auf die allmorgendlichen und allabendlichen Geräusche reagierten, die das Füttern ankündigten, auf das Türenklappen, die bestiefelten Füße, Menschenstimmen. Von jetzt auf gleich fingen sie an zu schreien und drängten zum Trog, waren außer sich. Sie kamen mir ein bisschen dumm vor in ihrer Gier, der sie offenbar völlig ausgeliefert waren. Die kleinen Ferkel fand ich lustig, wie sie da im Stroh umhersprangen und sich gegenseitig erschreckten und dabei totzulachen schienen, weil ihre vom Nasenrüssel aus weit nach rechts und links zu den Ohren gezogenen Mäuler bewirkten, dass ihr Gesichtsausdruck einem Lachen ähnelte. Einmal hatte ich versucht, die kleinen Ferkel dazu abzurichten, wie Pferde über kleine Hindernisstöckchen zu springen. Ich hatte meine Stöckchen in gewissen Abständen und in sich langsam steigernder Höhe in einem Tunnelgang angebracht, durch den die Ferkel, nicht aber die Sau, nach draußen gelangen konnten. Anfangs hüpften die Ferkel auch richtig über die Stöckchen. Sobald sie ihnen aber zu hoch lagen, schlüpften sie lieber untendurch. Und anstatt mich an ihrer Schlauheit zu freuen, brach ich meinen Versuch ab, enttäuscht über so wenig Ehrgeiz.

Kühe dagegen waren etwas vollkommen anderes.

Die damals noch selbstverständlichen Hornträgerinnen waren nicht nur groß und imposant. Mit ihren schwarz-weiß und sehr individuell gescheckten Fellen trugen sie ein exzentrisches Kleid, wie als Lob des überflüssig Schönen. Während sie in mal eiligem, mal trödeligem Schritt vor einem hergingen – je nachdem, wie man sie antrieb –, nickten sie im Gehen mit den Köpfen wie zur Bestätigung ihrer Existenz und ihre Euter schaukelten mit jedem ihrer Schritte hin und her. Sie boten früheste Anschauung von Überlegenheit und Würde, aber auch von Demut und Hingabe bis zur Lächerlichkeit. Ihr Dasein war wie eine Anleitung zu Widerstand und Resignation zugleich.

Deshalb also legte ich mir auch einmal die Kette um, stand wie eine Kuh im Stall, als die Herde tagsüber auf der Weide war, legte mich hin wie sie, auch wenn meine zwei Beine merkwürdig mangelhaft waren gegenüber ihren vieren, die sie in feinsinniger Choreografie so unter sich anzuordnen wussten, dass im Akt des Hinlegens ihr Kopf durch die Kette nicht zu einem Platz gerissen wurde, an dem sie dann nicht liegen bleiben konnten und gleich wieder aufstehen müssten.

Kühe waren klug.

Und Kühe trugen Namen.

Wenn bei Bella oder Julchen oder Gerda eine Geburt bevorstand, durften wir zwar Bescheid sagen, »wenn die Füße rausgucken«. Sobald aber die Presswehen einsetzten, hieß es: »Raus aus dem Stall, ihr habt hier nichts verloren.«

Es war aufregend, wenn eine Kuh kalbte. Einmal wurde ich mit dem Fahrrad zum Kaufmann ins Nachbardorf geschickt, weil keine Kälberstricke mehr da waren. Ich trampelte heftig in die Pedale. Natürlich sollten die Stricke so schnell wie möglich zur Verfügung stehen, aber vor allem wollte ich auch nichts verpassen. Als ich zurückkam, wurden Schlaufen aus diesen dünnen kurzen Stricken um die glitschigen dünnen Fesseln des Kalbes gelegt, weil die Hände unseres Vaters oder unserer Mutter, die mit ruhigem, starkem Zug der kalbenden Kuh helfen wollten, beim Ziehen sonst abrutschen würden.

Viele Kühe kalbten auch ohne Hilfe, aber wir lernten, dass man trotzdem die Kuh im Auge behalten muss, immer wieder hingehen und prüfen, wie weit sie ist und ob alles so abläuft, wie es ablaufen sollte. Wie beim Menschen kommt auch bei den Kühen alles Mögliche vor, was nicht im Lehrbuch steht.

Als kleine Kinder betraten wir den Kuhstall während einer Geburt mit Scheu. Das Kalben der Kühe, ihr Ausgeliefertsein an die Wellen, die durch ihre großen Körper gingen, besaß den ganzen Schrecken, den das Unabwendbare hat. Es dauerte ein paar Jahre, bis wir selbst mithelfen durften, das Kalb aus der Kuh herauszuziehen. Nur in den seltensten Fällen wurde zur Geburt einmal der Tierarzt geholt, und der musste manchmal mit einem Kaiserschnitt Kuh und Kalb retten. »Ein Eimer warmes Wasser und Seife«, hieß es dann, und einer von uns rannte ins Haus, um es aufgeregt von der Mutter in der Küche zu erbitten. Manchmal sah man schon an den Füßen des Kalbes, dass es für die kleine Kuh einfach zu groß war, ein Besamungsfehler, der eigentlich nicht vorkommen durfte.

Das Schönste am Kalben war für uns, wenn wir das neugeborene Kalb, das klatschnass und erstaunlich groß im Stroh vor uns lag, trocken reiben durften. Während es heute auf dem Hof einen Tag bei der Kuh bleibt, wurde es damals noch gleich in den Kälberstall gebracht und dort angebunden – mit dem dünnen Strick, der ihm geholfen hatte, auf die Welt zu kommen. Der Griff ins Maul und in die Nasenlöcher befreite es vom Schleim, und mit kräftigen Strohwischen rubbelten wir Rücken und Kopf, Beine und Bauch des Kalbes trocken, ersetzten die raue Zunge der Kuh.

2 ERSTE KÜHE UND ERSTE MENSCHEN

WANN FING ES AN MIT DER DOMESTIZIERUNG der Rinder? Und wie soll das vor sich gegangen sein: Rinder zähmen? Wie kann man sich in diese Fremde, die unsere Vergangenheit ist, hineindenken?

Auf der Suche nach dem Punkt, an dem sich die Wege von Homo sapiens und Rind kreuzten, grabe ich mich immer tiefer in die Hunderttausende von Jahren der Vorgeschichte. Ich durchforste unzählige Bücher, studiere Weltkarten, besuche Museen und vertiefe mich in Wissenschaften, von denen ich nicht einmal ahnte, dass es sie gibt – etwa Geopaläontologie oder Paläoökologie. Ich erfahre, in welchen Weltgegenden großartige archäologische Funde gemacht worden sind, und hätte mich am liebsten sofort auf den Weg dorthin gemacht. Aber oft sind diese Funde in Regionen, in die zu reisen nicht leicht ist. Der äußerste Südwesten Europas wäre noch zugänglich, die Sahara Afrikas und der Südosten der Türkei schon weniger, der Irak und Syrien sind gegenwärtig als Reiseländer nahezu ausgeschlossen. Warum der Norden Europas viel länger unbesiedelt blieb, die Funde hier seltener sind und aus viel jüngerer Zeit stammen, hat mit den eisigen Temperaturen der Kaltzeiten zu tun, der Bedeckung der Böden mit den Eiszungen der Gletscher. Erst als die Gletscher langsam verschwanden – und durch das Tauen des Eises die Landverbindungen vom Kontinent zum heutigen Großbritannien, Dänemark und zwischen Dänemark und Polen unter dem Wasser versanken, die Küsten von Ost- und Nordsee entstanden –, wanderten die Jäger und Sammler der letzten Kaltzeit von Süden und Osten kommend in Nordeuropa ein. Die letzte Kaltzeit vor unserer Warmzeit, dem Holozän, erstreckte sich über gut hunderttausend Jahre, von 115.000 Jahren bis 10.000 Jahren vor der Zeitenwende (v. d. Z.).

Ich finde es nicht einfach, die Rinder und uns in diesen unglaublichen Weiten der Zeit zu verorten und merke es auch daran, dass ich immer wieder eine Null vergesse an den Zahlen, die ich aus den Listen in Büchern und von Bildschirmen abschreibe.

Zu Anfang hatte es ohnehin – bis etwa 100.000 v. d. Z. heißt es – noch viele verschiedene Menschenarten gegeben. Einige von ihnen starben aus, andere mischten sich miteinander und starben dann vielleicht ebenfalls aus. Es gab Exemplare der Gattung Homo habilis, von denen erst in den 1950er-Jahren Knochen in Ost- und Südafrika gefunden wurden, die man auf ein Alter von anderthalb bis zu zwei Millionen Jahren schätzt – und nein, Dinosaurier gab es da seit 65 Millionen Jahren schon nicht mehr. Diese ersten Hominiden, übrigens von einigen Paläontologen lediglich für eine weit entwickelte Affenart gehalten, sollen gewissen Spuren zufolge noch ihre eigenen Artgenossen gegessen haben. Daneben gab es den Homo erectus, aus dem sich langsam – es geht hier immer gleich um Zigtausende von Jahren – der Homo heidelbergensis, auch Neandertaler genannt, entwickelt haben soll. Diese Hominiden begruben bereits ihre Toten und sie stellten Schmuck her, die sie den Toten in die Gräber mitgaben. Solche Grabbeigaben – und vielleicht überhaupt das Begraben – gelten als Hinweise darauf, dass es zwischen 130.000 und 30.000 v. d. Z. schon eine Vorstellung von einem Jenseits gab, für das man die Verstorbenen ausstatten wollte. Um zu einer Erzählung von der Menschwerdung zu kommen, werden in den entsprechenden Wissenschaften – Archäologie, Paläontologie, Geo- und Paläogenetik – immer wieder neue Methoden zur Definition und Identifizierung herangezogen und die verschiedenen Knochenfunde auf allen Kontinenten zusammen gedacht. Einig scheint man sich inzwischen in der Bezeichnung und Erforschung des Cro-Magnon-Menschen, den man dem Homo sapiens zurechnet, der während der letzten Kaltzeit etwa ab 45.000 bis 12.000 v. d. Z. im westlichen Eurasien lebte. Neuesten Untersuchungen zufolge haben sie sich an einigen Orten gemischt mit den schon länger in diesen Breiten umherstreifenden Neandertalern, beide Gattungen waren Jäger und Sammler. Wie die Neandertaler nach dem Neandertal nahe Düsseldorf benannt sind, so sind auch die Cro-Magnon-Menschen nach dem ersten Fundort ihrer Knochen benannt worden, einem »cro«, das in okzitanischer Sprache einen Felsüberhang meint, hier auf dem Besitz von Herrn Magnon im französischen Departement Dordogne gelegen. Sie sind schon eine Art des Homo sapiens und interessieren mich in Bezug auf die Rinder besonders, denn von ihnen stammen die vielen in dieser Gegend Frankreichs und in Nordspanien gefundenen Höhlenmalereien. Dort spielt die Darstellung von Rindern eine überragende Rolle.

Die Cro-Magnon-Menschen malten und zeichneten riesige Tiere auf die Höhlenwände im spanischen Altamira und französischen Lascaux, um nur die bekanntesten Höhlen zu nennen. Neben Hirschen, Bären und Pferden, Raubkatzen, Rentieren und Nashörnern stellten sie Bisons, Wisente und Auerochsen dar, und zwar unglaublich genau und zum Teil überlebensgroß – vielleicht auch so riesig, wie sie damals wirklich waren. Wir sehen sie da stehen, liegen und laufen, männliche und weibliche Tiere, tragende Kühe und kämpfende Bullen, gezeichnet mit schwarzen Kohleumrissen und mit diversen Fellmustern in Schwarz, Rot und Braun. Sie sind umgeben von abstrakten Zeichen, Rechtecken, Punkten und Spiralen, deren Bedeutung bis heute nicht entschlüsselt ist. Und auch zum Nutzen oder Sinn der Tierdarstellungen selbst gibt es bisher nur Spekulationen.

Ich lese und lese. Und ich erinnere mich an eine Ausstellung in Brüssel, eine Nachbildung von Teilen der Höhle von Lascaux, Lascaux III genannt. Dort konnte man die Höhlenmalereien bewundern, und mich faszinierte natürlich besonders die fast drei Meter lange Große schwarze Kuh. Es wurden auch archäologische Funde aus dieser Zeit gezeigt, beeindruckend das Gesamtskelett eines riesigen Hirsches, eines Megaloceros, ebenfalls Paarhufer und Wiederkäuer, das die Dimensionen der damaligen Wildtiere klarmachte. Die Spannweite seines Geweihs, das den Schädel krönte, betrug zweieinhalb Meter, in den Schultern war er meiner Erinnerung nach fast zwei Meter hoch, jedenfalls überragte mich schon sein Widerrist um fast einen halben Meter. Der römische Herrscher Caesar beschrieb – Tausende Jahre später! – einige ihm zuvor unbekannte Tierarten, die tief in den germanischen Wäldern lebten und die es woanders nicht mehr gab. Tatsächlich hat es ja in dieser Region wie auch in der Region des heutigen Polen neben den Hausrindern noch sehr lange Auerochsen gegeben. Caesar bezeichnet die Tiere als Ure und schrieb: »Sie sind etwas kleiner als Elefanten und haben Aussehen, Farbe und Gestalt eines Stieres. Sie sind sehr stark und schnell und gehen auf alles los, was ihnen zu Gesicht kommt, Mensch und Tier. Man fängt sie mit großem Eifer in Gruben und tötet sie dann. Durch die damit verbundene Anstrengung härten sich die jungen Männer ab, üben sich auch durch diese Art von Jagd, und wer von ihnen die meisten erlegt und zum Beweis die Hörner öffentlich ausstellt, erntet großes Lob. An den Menschen gewöhnen oder zähmen kann man nicht einmal gefangene Jungtiere.«

Wildformen des Rindes hat es Hunderttausende Jahre in vielen Varianten und auf fast allen Kontinenten gegeben. Auch von ihnen starben einige aus, der Europäische Wasserbüffel Bubalus murrensis beispielsweise verschwand aus der Fauna der Erde. Geblieben sind unser europäisches Hausrind, domestiziert etwa 8.000 v. d. Z.

im Nahen Osten und das Zebu, Bos indicus, es stammt vom Asiatischen Auerochsen, Bos primigenius namadicus, ab und wurde etwa 6.000 v. d. Z. in Pakistan domestiziert. Zu den Hausrindern gehören der Wasserbüffel, Bubalus arnee, im Westen Indiens, etwa 4.000 v. d. Z. domestiziert und das kleine Balirind, vom Banteng, Bos javanicus, stammend, das gut 3.000 v. d. Z. in Indonesien domestiziert wurde, und schließlich das Yak, Bos grunniens, das man vermutlich 3.000 v. d. Z. in Tibet domestizierte. Beim Yak ist es laut Genomanalyse jedoch auch möglich, dass die Domestizierung schon 5.000 Jahre früher geschah – was zeigt, mit welchen Ungenauigkeiten und Zeitumfängen man es bei solchen Fragen zu tun hat.

Wie alle pflanzenfressenden Tiere lebten auch die Wildrinder in Gemeinschaft mit den sie ernährenden Pflanzen. Gemeinsam entwickelten sich Flora und Fauna, assimilierten sich aneinander und an die Ernährungsgrundlage, an ihre Böden und ihr Klima. Natürlich mussten Rinder vor Fressfeinden flüchten oder mit ihnen kämpfen, mit Raubkatzen, Wölfen und Bären – und mit den Hominiden, sobald diese sie zu jagen begannen. Und wann immer sich das Klima veränderte, verschwanden bestimmte Tiere und Pflanzen und wurden von anderen Arten ersetzt.

Es gibt in der Paläobiologie einen Vorgang, der Koevolution genannt wird. Er bezeichnet die Entwicklung von Arten, die zunehmend voneinander abhängig werden, sich miteinander verändern und enge Lebensgemeinschaften eingehen. Oft kann dann keine Art gut leben ohne die andere, oder sie muss woandershin wandern, andere Pflanzen und Tiere finden, mit denen es sich leben lässt. So gilt etwa, dass große Weidetiere, Hirsche oder Rehe oder auch Rinder und Schafe, das von ihnen begraste Weideland sowohl nutzen als auch überhaupt erst hervorrufen. Durch ihren Tritt und Biss und Mist werden Grassamen und Düngung tief eingebracht und es entsteht eine zunehmend humus- und artenreiche Graslandschaft. Verschwinden diese Tiere aus dem Ökosystem, verschwinden auch die zarteren Gräser und Kräuter. Es werden andere Arten heimisch, die holzhaltig sind und höher aufwachsen, und es breiten sich Busch- und Waldlandschaften aus. So ist es auch immer wieder geschehen, teils ausgehend von verschiedenen Warm- und Kaltzeiten, manchmal durch Ursachen, die sich der Forschung bisher entziehen.

Für den Vorgang der Domestizierung muss dieses komplexe Geschehen mitgedacht werden, in dem sowohl Landschafts- und Klimaveränderung als auch Symbiosen zwischen den Arten entstanden, die immer wieder verschüttet wurden, sich dann woanders auf der Welt wieder entwickelten, womöglich in neue Sackgassen gerieten und erst Jahrtausende später neu auflebten. Es ist trügerisch, solche sich über Jahrtausende ziehenden, komplexen Prozesse mit einem einzigen, schlichten Wort wie Domestizierung zu benennen. Denn gerade wenn man an Menschen und Rinder denkt, scheint es zu suggerieren, dass nur die Hominiden aktiv geworden wären und als hätten sie es jederzeit und zielstrebig auf Nutzen und Gebrauch des Tieres abgesehen, notfalls mit Gewalt. Aber nichts könnte der Wahrheit, oder sagen wir vorsichtiger, der Wahrscheinlichkeit ferner sein. Wer mit großen Tieren lebt, weiß, dass ohne ihre Kooperation kaum etwas auszurichten ist.

Durch meine Lektüren lasse ich mich immer tiefer in all jene mit der Erforschung der Domestizierung verbundenen Wissenschaften hineinziehen. Mich interessieren die Mechanismen, die durch die Zusammenarbeit von Archäologie, Biologie und Genetik identifiziert werden konnten, die aus den ökologischen Wechselbeziehungen zwischen artfremden Organismen entstehen. Man nennt sie Probiosen. Es gibt da vor allem den Mechanismus des Kommensalismus – sozusagen einen gemeinsamen Esstisch (von »mensa«, lateinisch Tisch) der Arten –, ein Verhalten, in dem sich die Partner gegenseitig nicht benachteiligen. Oder den, dass manche Tiere und Pflanzen sich von anderen Arten transportieren lassen, etwa Milben von Käfern, das nennt man Phoresie, oder wie sie – etwa Moose, Flechten und Algen – auf anderen Arten leben, genannt Epökie. Es gibt Synökie, Wohngemeinschaften wie zwischen Ameisen und Springschwänzen, Parökie, was mit Einmietung übersetzt werden kann, etwa das Wohnen kleiner Fische in den Tentakelkronen von Seeanemonen. Auch Metabiosen finden statt, in denen eine Art von der Tätigkeit anderer abhängig ist, wie etwa Grünspechte, die auf die Baumhöhlen anderer Spechte angewiesen sind, da ihre eigenen Schnäbel zu weich sind, um selbst welche herzustellen. Und der Kuckuck profitiert von Nestbau und Brutpflege anderer Vögel, indem er seine Eier in fremde Nester legt und die dortige Nachzucht rausschmeißt.

Ob in den Beziehungen zwischen frühen Menschen- und Tierarten Elemente solcher Lebensformen eine Rolle gespielt haben? Man weiß es nicht, möglich wäre es.

Aus der Jagd der Hominiden auf große Tiere, so lese ich, entwickelte sich nach und nach eine Annäherung, die zur Domestizierung führte. Das Jagen begann, sobald es ein entsprechendes Handwerks- und Waffenarsenal dafür gab, geschärfte Steinwerkzeuge und Speerspitzen in Holzschäften. Die frühen Menschenarten folgten nicht nur den wandernden Herden, die sich am jahreszeitlich wechselnden Pflanzenwuchs orientierten. Knochenfunde legen nahe, dass große Tierherden – Antilopen, Widder, Rentiere, Rinder, Ziegen – von Hominidengruppen in eine ›Falle‹, etwa auf einen Abgrund hin, getrieben wurden, in den sie dann hineinstürzten. Aus Steinen und Knochen, den lange Zeit einzigen Dokumenten der Vorgeschichte, wird zudem herausgelesen, dass unsere Vorfahren Zaun- oder Mauerkonstruktionen errichteten, um Wildtiere locker einzuhegen und sie so an einer Weiterwanderung zu hindern, sie als lebende Speisekammer nahe bei sich zu halten. So wuchs aus dem An-Halten einer eigentlich beweglichen, wandernden Herde, aus Fütterung und

Schonung der Muttertiere und aus der Sorge für sie, eine rudimentäre, zeitweise Vieh-Haltung. Es konnte nicht ausbleiben, dass sich aus der größeren räumlichen Nähe auch ein immer genaueres Wissen speiste, z. B. über die Geburt und die dann einsetzende Milchproduktion für Lamm und Kalb.

Nehmen wir jetzt noch die Elemente der Selbstdomestizierung und Kulturfolge hinzu. Den Begriff der Kulturfolge kennen Gärtner und Landwirte aus dem Pflanzenanbau. Da gibt es Kräuter und Gräser, die sich typischerweise in der Nähe der Menschen ansiedeln – auf Böden, die nicht einmal von ihnen beackert werden mussten und anfangs womöglich nur den Abfall dieser Menschengruppen verarbeiten. Ähnliches gilt für einige weniger beliebte Tierarten wie Ratten, Läuse und Mäuse. Sie waren es, die den menschlichen Siedlungen folgten und Katzen und Hunde nach sich zogen. »Das menschliche Ökosystem ist ein kompliziertes Netz aus wünschenswerten und unerwünschten Formen von Leben, die sich anziehen lassen von unserer Nahrung, unserem Abfall, unseren Körpern und Behausungen«, schreibt die nordamerikanische Schriftstellerin und Wissenschaftsjournalistin Annalee Newitz dazu so schön treffend. Die Nähe zum Menschen musste für die Tiere, die in seinem Umkreis zu leben begannen, einen Vorteil haben, sonst wären sie nicht geblieben. Für den Hund ist es ausführlich und mehrfach beschrieben worden als eine sich über Jahrtausende hinziehende Selbstdomestizierung. In der Nähe menschlicher Behausungen zu leben, hatte sich für Hunde, die sich aus Wölfen entwickelten, zunehmend gelohnt, sie bekamen vom erjagten Fleisch etwas ab und die Menschen vertrieben Feinde, die auch Feinde der Hunde waren. So ›willigten‹ sie gewissermaßen ein, mit ihrem besseren Geruchssinn beim Aufspüren von Wild in Anspruch genommen zu werden. Es ist nicht übertrieben zu sagen, dass Hunde und Menschen auf diese Weise gleichzeitig und durch eine gegenseitige Evolution als die Arten entstanden, die sie heute sind.

Es gibt noch einen weiteren Hinweis darauf, dass die Jagd eng mit der Domestizierung zusammenhängt. Erst 2013 wird aus einer archäologischen Studie bekannt, dass Schweine und Rinder vor ihrer Domestizierung extrem überjagt gewesen sein müssen. Solche Thesen können neuerdings aufgestellt und gestützt werden durch die DNA-Analyse von organischen Resten an frühen archäologischen Funden; als Mittel der Datierung geht sie weit über die alte Radiocarbonmethode hinaus. Schon die Entwicklung des Elektronenmikroskops und Fortschritte in der Dendrochronologie – das ist die Erhebung des Alters von Holzresten an Fundorten – haben die Datierung und Einordnung von Funden in einen Zeitstrahl der Menschheitsentwicklung enorm vorangebracht. Die DNA-Analyse machte alle Ergebnisse noch um einiges genauer und korrigierte alte Thesen, weshalb es immer wieder neue Erkenntnisse und Theorien zur Frühgeschichte der Menschen und Tiere gibt.

Viele alte und neue Knochenfunde sind lokalisiert im Nahen Osten, Teil des Fruchtbaren Halbmonds, jener Region, die vom Mündungsgebiet des Euphrat und Tigris nordwärts führt bis in den Südosten der heutigen Türkei und dann an der Mittelmeerküste entlang wieder in den Süden strebt bis zum Roten Meer, das die Arabische Halbinsel von Ägypten trennt. Dort sind Ackerbau, Viehzucht und Schrift überhaupt erst entstanden – gleichzeitig mit den Erfindungen im Industal und in China – und wanderten erst Tausende Jahre später zu uns in den Norden und Westen.

Aufgrund neuerer Analysen stellte sich heraus, dass hier in einer menschlichen Siedlung durch Viehhaltung ein relativer Überfluss an fleischlicher Nahrung entstand, dem aber ein Mangel an Fleisch vorausgegangen war. Während jener Mangelzeit, so die These, müssen weniger oder gar keine weiblichen Tiere mehr gejagt worden sein, und erst durch die Schonung weiblicher Tiere und ihres Nachwuchses konnten sich die bejagten Herden wieder vergrößern. Man vermutet, dass die Schonung weiblicher Tiere nicht nur daraus bestand, dass sie nicht gejagt und getötet wurden. Vielmehr sorgten die Menschen für ihre Fütterung, um sie durch Dürren, Hitze- oder Kältephasen zu erhalten, etwas, das ihnen bei Rindern einigermaßen leichtgefallen sein wird, denn Rinder sind keine Nahrungskonkurrenten. Aus diesem Zusammenspiel von Menschen und den von ihnen geschützten Muttertieren werden sich nach und nach Gewohnheiten ergeben haben – bei Mensch und Tier. Auch so wird vorstellbar, dass sich sogar große Tiere eigenständig in die Nähe menschlicher Ruhe- und Wohnstätten begaben, sich dort aufhielten und Schutz suchten.

Immer wieder muss ich mich daran erinnern, dass es um Tausende von Jahren einer Entwicklung geht, die einmal hier, einmal dort auf der Erde in Gang kam, wieder erstarb, woanders auflebte und der eine längere Dauer nur unter günstigen Bedingungen beschieden war. Viele Tausende Jahre später erst folgten sekundäre Nutzungen der Tiere, die etwa beim Schaf auf die Wolle zielten, beim Rind auf Trag- und Zugkraft – und schließlich auch auf die Milch der für den Menschen wichtigsten Wiederkäuer: Ziege, Schaf und Kuh, in anderen Weltgegenden auch das Kamel. Und natürlich stellten sich weder die primären noch die weiteren Nutzungsmöglichkeiten nebenbei ein. Vielmehr legen archäologische Funde nahe, dass bald eine Zuchtwahl einsetzte, durch die sich die Tiere zu verändern begannen – und die Menschen natürlich auch. Verständlicherweise war die erste Wahl bei allen zunächst in der Wildnis vorgefundenen und gejagten Tieren, wie oben schon erwähnt, ihre Züchtung zur Zahmheit. Im Gefolge dieser Zuchtwahl veränderten sich weitere Merkmale auf ganz überraschende Weise. Mit wachsender Faszination lese ich, dass der russische Genetiker Dmitri K. Beljajew und seine Mitarbeiter in den 1950er-Jahren an Silberfüchsen nachweisen konnten, dass selbst dann, wenn es beim Zuchtziel nur um ein einziges Merkmal der Tiere ging, nämlich ihre Angst vor den Menschen abzulegen, sich damit auch weitere Charakteristika wandelten. Bei den ihres Pelzes wegen gehaltenen Wildtieren traten nach zehn bis zwanzig Generationen immer zahmer werdender Tiere neue Fellfärbungen auf, etwa eine auffällige Vielfarbigkeit, mit der die Tiere in der Wildnis keine Überlebenschance und damit auch so gut wie keine Chance zur Fortpflanzung gehabt hätten. Man spricht in der Paläogenetik von einer »kaskadenartigen Expression von genetischen Varianten«, die vermutlich durch die Senkung des Adrenalinspiegels hervorgerufen werden. Mit anderen Worten, Tiere lebten bei den Menschen unter weniger Stress als in der Wildnis. Das Leben in der Wildbahn erlegt ihnen ja eine permanente Flucht vor ihren natürlichen Feinden auf, dazu die Mühen der Aufzucht und des Schutzes der Nachkommen sowie eine ständige Suche nach Nahrung auch unter schwierigen Witterungsbedingungen. Durch den Menschen kommt es zu einer lawinenartigen Befreiung neuer, in der Genetik des Tieres angelegter Merkmale, die sich nun ausprägen können und in einer einigermaßen geschützten Häuslichkeit der neuen Existenz weitergegeben werden.

Das Beljajew-Team konnte schon nach zehn bis zwanzig Generationen einer gezielten Züchtung, bei der nur die ruhigsten und am wenigsten aggressiven Tiere zur Fortpflanzung zugelassen wurden, neue Verhaltenscharakteristika beobachten, darunter schwanzwedelndes Begrüßen und sogenanntes Zuneigungslecken gegenüber den Betreuern.

Es ist vielfach bemerkt – und nicht selten ironisch kommentiert worden –, dass die »Ver-Haustierung« eine Infantilisierung der Tiere und womöglich auch des Menschen bedeutet hat. Der Fachbegriff dafür lautet Neotenie. Aus dem Bereich des Insektenlebens stammend, besagt er, dass eine Gattung im Verlauf seines komplizierten Erwachsenwerdens, das etwa Larven- und Verpuppungsphasen enthält, einen ganz besonderen Zustand entwickelt, nämlich eine Geschlechtsreife vor dem vollständigen Reifestadium. Die sich bereits in dieser Phase vermehrenden, neuen erwachsenen Exemplare dieser Gattung behalten kindliche Eigenschaften. Dazu zählt man die geringere Körpergröße, die kindlich rundere Kopf- und Gesichtsform, den kleineren Unterkiefer und die kleineren Zähne – und natürlich das Verhalten, das, wie etwa das schwanzwedelnde Begrüßen und Zuneigungslecken der Silberfüchse, eher dem Verhalten von Welpen oder Tierjungen gegenüber den sie versorgenden Eltern entspricht. Auch durch solche Veränderungen wurde die Domestizierung erleichtert.

Wie nebenbei fand ich übrigens in einem Buch über die Entstehung des Menschen, dass die Verkleinerung des Unterkiefers sich nicht nur bei Tieren, sondern auch bei der überlebenden Menschenart Homo sapiens entwickelte. Dadurch wurden feinere Bewegungen von Kiefer und Zunge möglich – und damit die Modulation sinnvoller Laute. Nur so konnten sich die menschliche Stimme und Sprache entwickeln.

3 AUF DEM HOF MEINES BRUDERS IM FRÜHLING

WIEDER EINMAL HABE ICH MICH auf dem Hof meines Bruders Waldemar eingefunden, stehe mit den anderen auf, ziehe Stallklamotten und Gummistiefel an, begleite sie bei der Arbeit. Es ist März und früh am Morgen noch dunkel und kalt.

Als ich gefragt hatte, ob ich mal wieder ein paar Tage mitlaufen kann, hatte mein Neffe Hannes freundlich gelacht und gemeint: »Mit 'nem flotten Schritt kommst du wohl hinterher.«

Überall auf dem Hof, in den Büschen und auf den Dächern, tschilpen laut die Spatzen, singen die Meisen und schwätzen die Stare, die Schwalben sind noch nicht da. Um das Haus und auch die Maschinenhalle herum, an den Rändern des Hofgrundstücks und des Rasens blühen große und kleine Narzissen in Weiß und Gelb. Samt der Osterglocken, Hornveilchen und kleinen Primeln hat meine Schwägerin Anna sie gesetzt. Perlhyazinthen mischen sich blau mit ein, und selbst einige Tulpen haben schon rote Spitzen aus ihren grünen Blütenhüllen geschoben.

Am Abend nach der Ankunft bin ich schnell noch in der letzten Helligkeit die Trift hoch und zur Kanalbrücke gegangen, den alten Kuhtreibeweg. Auf dem Maisfeld sah ich Rübsen stehen, kurz vorm Maislegen in einem Monat werden sie eingemulcht und untergepflügt, sorgen für Humus und Bodenstruktur. Über dem Acker des Nachbarn waren Kiebitze in der Luft, ich bestaunte ihr torkelndes

Fliegen, ein Hase rannte in Richtung Kanal, dort standen sechs Rehe, sie hoben die Köpfe. Als sie mich sahen, setzten sie sich in Bewegung, liefen eine kurze Strecke, blieben stehen, dann senkten sie ihre Mäuler wieder ins Grün, nur eine ältere Ricke blickte weiter angespannt zu mir herüber, Wächterin des Rudels. Zwei Enten flogen erschrocken aus dem Graben auf und schwirrten ab. Sogar Lerchen sangen.

Beim Gang vorbei am Kälberstall hatte ich Anna getroffen und bemerkt, dass einige der Kälber husteten.

»Es gibt eine Infektion in der Herde«, sagte sie. Dabei seien alle Kälber gegen Grippe doppelt geimpft worden. Aber nun dauere es wohl eine Zeit, bis alle infiziert wären und durch die Antikörper geschützt. Herdenimmunität.

Jetzt geht morgens um sechs noch keiner in den Stall und ich freue mich über die halbe Stunde späteres Aufstehen. Vielleicht ist doch etwas anders geworden im Bauernleben. Ich warte bei den Stiefeln, dass Anna in den Stall kommt, habe immer noch keine eigenen und am Abend vergessen, mir welche auszusuchen oder geben zu lassen.

Ich höre Melkroboter brummen und schlürfen und saugen, sie sind Tag und Nacht aktiv, sobald eine Kuh hineingeht, fängt der Melkvorgang an. Die Gatter klappen vor den Kühen auf und hinter ihnen zu, die Tiere sammeln sich um die Kraftfutterstation, die auch die Melkstation ist. Aus dem Buschhof klingt das Klopfen eines Spechts. Der Buschhof ist ein breiter Streifen aus Büschen und Bäumen, der sich hinter den Höfen entlangzieht, das ganze Dorf hindurch. Er wurde bei der Gründung der ursprünglichen Moorkolonie, der Urbarmachung vor knapp 250 Jahren angelegt, hier in der norddeutschen Tiefebene als Schutz gegen den stetigen Westwind von der Elbmündung her. Die Gestalt der Landschaft, das Dorf mit seinen Weiden und Äckern, Waldstreifen und Kanälen entsteht bis heute beständig neu durch die tägliche Arbeit der Bewohner.

Neben der Milchkammer, in der die beiden großen Tanks ein paar Tausend Liter Milch kühlen, hält gerade der Milchtankwagen. Der Fahrer hat einen großen Schlauch an den ersten Milchtank geschraubt, den Hahn geöffnet, später schreibt er die abgesaugte Milchmenge in den Kalender an der Wand. Jetzt biegt mein Bruder Waldemar um die Ecke, geht zu ihm, sie reden miteinander.

Die Kühe liegen im Stall in ihren Boxen und kauen, ein paar stehen am Fressgitter, sie haben ihre Köpfe durchgesteckt zum Futtertisch und fressen. Sie haben mich im Auge. Kühe sind Beute- und das heißt Fluchttiere. Solange ich nicht näher komme, machen sie weiter mit dem, was sie tun. Aber erst wenn die üblichen Schritte, Stimmen und Melkgeräusche aus dem alten Melkstand sich zum morgendlich-alltäglichen Geräuschteppich verdichten, beachten sie mich nicht mehr. Dafür beobachte ich sie, nehme ihren Ausdruck wahr, nachdem sie das Wiedergekaute geschluckt haben und unbewegt darauf warten, dass der nächste Batzen aus dem Pansen hochkommt, um ein zweites Mal gekaut zu werden. Jemand hat gezählt, dass eine Kuh nach dem Hochbringen des Futters aus dem Pansen sechzigmal kaut, um ihre Nahrung dann endlich durch die nächsten Mägen – Lab- und Blättermagen – und den Darm zu schicken und dem Stoffwechsel zuzuführen. Jedenfalls halten die Kühe den Kopf in derselben Position still, in der sie eben gekaut haben, und warten. Wenn der nächste Futterbatzen im Maul gelandet ist, kauen sie weiter. Das Ganze wirkt ungemein ruhig und beruhigend, gemächlich und gemütlich. Tatsächlich aber bin ich hier Zeugin einer für die Geschichte der Menschheit höchst folgenreichen Sache. Denn nur durch die Mägen der großen und kleinen Wiederkäuer, der Schafe, Ziegen und Rinder, Kamele und Lamas der Welt, sind Graslandschaften, Taigas, Tundren und Steppen, Pampas und Prärien, deren Böden zum Ackern nicht taugen, dem Menschen nutzbar geworden. Nur durch Biss und Tritt der Wiederkäuer und durch ihren Dung haben diese Landschaften eine dichte, kräftige Humusschicht bilden können, und nur durch die Wiederkäuer wachsen in schwierigen Berglandschaften und auf den Almen statt wilder Büsche und Bäumchen grüne Wiesen voll seltener Kräuter und Blumen.

Mir gegenüber liegen Jungrinder in ihren Boxen, die ältesten sind knapp ein Jahr alt, auch sie kauen und haben mich im Blick. Bei dieser Entfernung von vielleicht fünf Metern empfinden sie mich nicht als Bedrohung. Aber als ich einmal husten muss, wenden sie aufmerksam die Köpfe. Sie werden nicht panisch, keines von ihnen erhebt sich, aber sie passen auf.

Schließlich kommt Anna, die schon die ersten Handgriffe in der Küche zur Vorbereitung des Frühstücks getätigt hat. Neben ihr quetscht sich die alte Hündin durch die Tür, sie hatte sich, als ich durch ihren Raum ging, freudig erhoben – und gleich wieder hingelegt, da sie merkte, dass ich nicht Anna bin. Die gibt mir jetzt ein Paar Stiefel und ich gehe mit ihr zur Milchkammer. Die Stämme der Bäume am Rande des Hofes leuchten rötlich im Morgenlicht. Langsam weicht der Frühdunst. Es wird wohl ein heller, kalter Tag werden. Manchmal herrscht hier nachts sogar noch Bodenfrost. Überall in den Ecken des Hofs, der Garagen und Ställe liegen und stehen Kinderspielzeuge und -fahrräder für die oft zu Besuch kommenden Enkel, manches ist vermutlich schon etwas zu klein für die im Sommer zur Schule kommenden Kinder. Aber die nächsten Enkel wachsen nach.

Waldemar spricht immer noch mit dem Tankwagenfahrer. In der Ferne höre ich das Rufen wilder Gänse. Sie leben wegen des Hochwasserpolders und der Vernässung großer Flächen drum herum inzwischen fast das ganze Jahr über hier.

Jetzt biegt der Futterroboter – ein übermannsgroßer, selbst fahrender Behälter, vollgestopft mit Elektronik – blinkend um die Ecke. Er ist der dritte, eigentlich schon der vierte Roboter auf dem Hof. Der erste war Mr. Mister, ein Gerät, das ein wenig aussieht wie ein zu klein geratener Autoscooter ohne Sitzplätze. Er fährt den ganzen

Tag lang die Wege im Kuhstall ab, auf die er programmiert ist, wie etwa ein Rasenmäh- oder Staubsauger-Roboter, nur schiebt der Mister dabei den Kuhmist von den Betonspalten in die Güllekeller darunter. Die Kühe haben sich erstaunlich schnell an das Gerät gewöhnt, das da ständig bei ihnen herumfährt, wenn es sich nicht gerade an der Aufladestation befindet. Sobald es ankommt, gehen sie ihm aus dem Weg, und wenn eine Kuh tatsächlich einmal stehen bleibt, bleibt auch das Gerät stehen, bis sich einer von beiden wieder bewegt. Das ist meistens die Kuh, der das Rumstehen langweilig wird. Der Mister hat es »bei guter Wartung und Pflege«, so Hannes ironisch, schon auf beinahe zehn Jahre Einsatz im Stall gebracht.

Das nächste selbst steuernde System war dann der erste Melkroboter, von dem es inzwischen schon einen zweiten gibt. Sie sind in relativ alte Ställe eingebaut worden und werden da bis zu ihrer Abschreibung arbeiten, wenn auch, wie ich bald hören werde, mein Neffe sehr gerne einen neuen Stall bauen möchte. Der sollte den zunehmend gewünschten Kriterien der Milchviehhaltung besser entsprechen.

Der Futterroboter ist Teil des neuesten Systems. Er funktioniert gut, solange die Wege, die er abfährt, trocken sind. Was passiert, wenn er in der Nässe ausgleitet, werde ich in den nächsten Tagen öfter zu sehen bekommen.

Die hohe Technologisierung des Betriebs kostet nicht nur in der Anschaffung viel Geld, sie kostet auch viel Energie. Insofern ist die Bedeckung nahezu aller Gebäudedächer des Hofs mit Solarpaneelen die entscheidende Investition gewesen.

Waldemar steht immer noch mit dem Tankwagenfahrer bei den Milchtanks.

Als Anna und ich um die Ecke biegen, sagt der Fahrer zu ihm: »Da kommen zwei, die dir helfen wollen.«

»Die eine guckt bloß«, sagt mein Bruder.

Inzwischen flitzt Hannes vorbei ins Stallbüro, ich laufe hinterher und frage, was er morgens als Erstes tut. Das Erste ist für ihn der

Gang durch den Kuhstall, nachsehen, ob mit den Kühen alles in Ordnung ist, ob überall Futter liegt, ob der Futterroboter läuft. Dann geht es ins Stallbüro, Melkroboter-Meldungen kontrollieren. Gibt es Fehlmeldungen, d. h. sind Kühe nicht zum Melken gegangen? Das könnte ein Hinweis sein auf die Brunft, auf Erkrankungen, eventuell schmerzende Füße, oder anderes. Manchmal sind einige zwar im Melkstand gewesen, aber nicht gemolken worden. Der Computer meldet dann einen Fehlversuch. Hannes schreibt sich jetzt die Nummern der nicht gemolkenen Kühe auf, sucht sie im Stall und treibt sie gemächlich zum Melkstand bzw. sperrt sie mit Gattern so ab, dass sie nur durch den Melkstand wieder in die Herde, zum Futtergang und zum Wasser zurückkommen. Das macht er in beiden Robotergruppen. Heute gehe ich mit ihm durch die Herden. Die Kühe gucken mich groß an. Hannes dreht sich zu mir um.

»Die kennen dich nicht.« Er grinst. Ich weiß, dass ich still sein muss, und hebe mir meine Fragen für später auf, drifte nach dem Einsammeln jener Kühe, deren Melken nachgeholt werden muss, erst einmal wieder zum alten Melkstand, zu Waldemar und Anna.

Der Tankwagen ist schließlich weggefahren, Waldemar und Anna haben mit dem Melken begonnen, Anna treibt gerade noch die wenigen Kühe, die nicht von den Robotern gemolken werden, weil sie gerade frisch gekalbt haben oder krank sind, vor den Stand und riegelt hinter ihnen ab. Aus allen Ecken kommen jetzt Katzen angeturnt. Die Menschen sind da, bald gibt es Milch für sie, süßes Zubrot zu den Mäusen, die in Ställen und Scheunen zu überwintern versucht haben.

»Wie viel Liter Milch sind heute abgeholt worden?«, frage ich, während ich mit ihnen in der Melkergrube stehe, rechts und links je erhöht sechs Kühe.

»Im Moment jeden Tag etwas weniger«, sagt Waldemar.

Jeden zweiten Tag wird die Milch aus den Tanks abgesaugt, jedes Mal trägt der Fahrer die von seinem Zählwerk am Wagen angegebene Zahl in den Kalender an der Wand der Milchkammer ein, damit die Milchbauern einen Überblick haben. Die tatsächlich gelieferte Menge wird am Ende des Monats durch Computerausdruck nachgewiesen, aber dieser tägliche Eintrag im Kalender ist ein Hinweis auf das aktuelle Geschehen – unter Umständen auch auf Krankheiten in der Herde.

Tatsächlich sind einige Kühe im Moment erkältet, neulich ist sogar ein Jungtier trotz Impfung an Lungenentzündung gestorben.

»Keen nix hett, denn bliwt ok nix dot«, sagt Anna und hebt die Schultern. Wer kein Vieh hat, dem stirbt auch keins. Tatsächlich muss ja, wer mit Tieren aufwächst, mit ihren Krankheiten, den Behandlungen und ihren Toden früh umzugehen lernen.

Auch die am Euter mit violetter Farbe gekennzeichnete Kuh, die ich im Vorbeigehen im Krankenstall gesehen hatte, litt an einer Lungenentzündung. Die Farbe dient zur Erkennung, damit ihre Milch wegen der nötigen medizinischen Behandlung nicht in den Tank gemolken wird. Es geht ihr schon viel besser, aber sie muss weiter beobachtet werden.

Nach dem Melken gehe ich mit Anna zu den Kälbern. Sie hat sich schon das Milchtaxi geschnappt, einen großen Bottich voller Milch auf Rädern, der mit Wärme- und Pumpvorrichtung ausgestattet ist: Damit geht es zu den Kälbern. Die kleinsten liegen jedes für sich im Stroh der sogenannten Iglus, weißen Schutzhöhlen aus Hartplastik. Sie kriegen ihre Milch aus einem Eimer, der mit einem Nippel ausgestattet ist und auf ihrer Kopfhöhe – wie das Euter der Kuh – hier am Iglu hängt. Den größeren Kälbern, die in Gruppen von etwa zehn Tieren frei im Stroh laufen, wird die Milch in große Plastikkästen gefüllt, die wie besonders breite, leicht gerundete Blumenkästen aussehen, denn die Kälber müssen sich an den zehn Nippeln wie ein Strauß anordnen können, jedes mit etwas Platz für sich und sein Ungestüm. Heftig drängeln sie sich darum, und nach kurzer Unruhe hat jedes Kalb einen Nippel gefunden und trinkt gierig. Die etwas älteren Tiere bekommen zusätzlich ein wenig Kraftfutter und danach feines Heu in ihre Krippen geschüttet. Auch ihnen bin ich fremd, und sie blöken und springen und rennen vielleicht ein bisschen wilder als sonst bei der Fütterung.

Eilig, aber nicht hektisch tut Anna, was zu tun ist, hebt die Kästen auf ihre Haken, füllt sie mit dem Schlauch aus dem Milchtaxi, holt mit einem Eimer das Kraftfutter aus der großen Kiste, streut Heu in die Krippen, beugt sich runter und hebt und trägt und schüttet. Es ist trotz der großen Erleichterung, die der fahrbare Milchbottich bedeutet, immer noch schwere körperliche Arbeit. Am anstrengendsten ist das Drenchen – von englisch »to drench«, wässern –, eine Art Zwangstränke mit einem feinen Stab, der geschickt in den Hals des Kalbes eingeführt wird. Dafür muss Anna in den Iglu klettern, das Kalb mit ihrem ganzen Körper festhalten, seinen Kopf anheben und den Stab so einschieben, dass er in der Speiseröhre landet und nicht in der Luftröhre. Mit viel Kraft, Geschick und Sorgfalt hält sie das Kalb, führt die Milch ein, streichelt ihm beruhigend Hals und Kopf. Durch das Drenchen nehmen die Kälber gewissermaßen garantiert genug von der ersten Milch auf, dem Kolostrum, das ihr Immunsystem sofort stärkt und sie sicher gegen Infektionen schützt. Drei Mahlzeiten bekommen sie auf diese Weise, die erste Kolostrum-Mahlzeit holen sie sich direkt aus dem Euter. Danach müssen sie das Saugen an den Nippeln lernen. Auch in diesem Frühjahr sind wieder relativ viele Bullenkälber geboren worden. Jeder Milchviehbetrieb möchte lieber Kuhkälber für die eigene Nachzucht.

»Aber jetzt kosten sie wenigstens mal was!«, sagt Anna.

»Neulich habe ich für 14 Tage alte Kälber sogar über hundert Euro bekommen, das ist zehnmal mehr als vor fünf Jahren. Das motiviert doch anders. Sonst hat man, wenn es krank wurde, nicht mal mehr die Tierarztkosten reingekriegt.«

Und doch, denke ich, ist dieser Preis derselbe wie vor sechzig Jahren – wenn ich Euro gleich Mark rechne. Überhaupt, die Arbeit und der Verdienst. Es hat sich seit Jahren an diesem Verhältnis nicht dauerhaft etwas gebessert. Sobald der Milchpreis stieg, stiegen auch die Futter-, Diesel- und Düngerkosten.

Während ich noch notiere und aus dem Augenwinkel die Katzen beobachte, die hier über die Einfriedungen und Strohballen klettern, mal aus dieser, mal jener Ecke hervorkommen und wieder verschwinden, ist Anna mit dem Milchtaxi schon längst zurück in die Milchkammer geeilt, um den Bottich zu säubern und das durch das Spülen der Melkanlage gewonnene milchige Wasser einzufüllen für die nächste Tränkung.

Bei meinem Gang zurück vom Kälberstall sehe ich vor dem Roboter-Stand die Kühe anstehen, sie kauen und sehen cool aus.

Ich suche Hannes. Ist er im Büro? Sind die Kühe schon umgetrieben? Klar, alles ist schon erledigt. Man arbeitet hier im Laufschritt. Nur mit den Tieren selbst bewegt man sich langsam und ruhig.

Jetzt finde ich ihn beim Auffüllen der sogenannten Futterküche. In der, man könnte sagen, Speisekammer stehen die quadratischen Türme aus Gras-, Maissilage und Stroh bereit, die nach Bedarf von dem an der Decke auf Seilen herangeführten Greifer gepackt werden. Der bringt sie zum Behälter des Futterroboters und lässt sie dort fallen. In ihm werden dann unter Zugabe von Wasser, Kraftfutter und Mineralien die verschiedenen Futtermischungen für Kühe und Jungvieh angerührt.

»Seit wann ist Stroh dabei?«, frage ich.

»Immer schon«, sagt er. Und ich wundere mich, wie viele Einzelheiten auf einem Hof man übersehen kann.

Dann gehen wir ins Haus zum Frühstücken.

Am nächsten Tag lerne ich, dass man nicht nur mit Tieren Geduld braucht. Auch mit Robotern braucht man sie. Denn der mit der Silagemischung für die Kühe gefüllte Futterroboter ist aus der Bahn geglitten. Die feinsinnige Maschine kann den Regen nicht berechnen bzw. nicht die Reaktion seines Metallkörpers, der auf glitschiger Bahn die leichte Neigung des Futtertisches nicht mehr kompensiert und dann ausrutscht. Mithilfe des Frontladers am Trecker müssen mein Bruder und mein Neffe ihn heute Morgen vor allem anderen erst einmal auf seine Bahn zurückhieven. Dann manövriert Hannes ihn hin und her, um ihn wieder in sein Programm einzufädeln. Immer und immer wieder versucht er es, immer und immer wieder misslingt es.

»Dussel«, schimpft er.

Schließlich bugsiert er den Roboter per Handsteuerung um die Stallecke und fährt ihn in die Futterküche zur Station, einem kegelförmigen Auswuchs an der Wand, an den sich der Behälter andockt. Während hier die Batterien geladen werden, zieht der automatische Greifer seine Bahnen, um das Futter abzuholen und in den Behälter fallen zu lassen. Wenn die Futtermischung fertig ist, fährt der Roboter seine gewohnten Bahnen wieder ab. Auf seinen vorherigen Wegen hat er mit einem Laserstrahl abgetastet, ob und wo frisches Futter benötigt wird. Dorthin wird es jetzt gebracht. Wenn der Roboter sich nähert, gehen die Kühe zum Futtertisch, selbst wenn da vorher noch Futter gelegen hat. Sie haben schnell gelernt, ihn als Zeichen für frisches Futter zu erkennen.

Sobald die Maschine wieder in ihre Routine gefunden hat, sind wir an diesem Morgen noch einmal ins Stallbüro gegangen. Hannes hat im Vorbeigehen einer Kuh im Krankenstall die Ohren gefühlt. Sind sie kalt? Das wäre ein Zeichen für Milchfieber. Nein, die Ohren sind warm. Aber die Kuh kaut noch nicht wieder. Vor zwei Tagen hat sie gekalbt und ist danach nicht ohne Tierarztbesuch wieder auf die Beine gekommen.

Die Programme im Stallcomputer lassen mich staunen, das Programm des Melkroboters ganz besonders. Durch den Transponder, der jeder Kuh um den Hals hängt, wird ihre Gesundheit beobachtet

– oder besser gesagt, verschiedene Parameter ihrer Gesundheit werden erfasst. Dazu gehören Bewegungs- und Ruhephasen, insbesondere aber ihre Kautätigkeit, die Grundlage des besonderen Stoffwechsels von Wiederkäuern. Die Nachbehandlung der frisch gekalbten Kuh besteht in ein paar Infusionen mit Kalzium, Phosphat und Glukose plus Leberschutz. Auf einigen Höfen und auch hier waren solche Infusionen nach dem Kalben kürzlich noch Routine, erklärt mir Hannes. Aber durch bessere Fütterung im Übergang zur Laktation, also dem Milchgeben, ist das inzwischen Vergangenheit. Dafür werden die Kühe zwei Wochen vor der Kalbung aus ihrem sechswöchigen Urlaub auf der Weide zurückgeholt und gezielt mit Mineralien versorgt. Bei manchen Kühen reicht das nicht aus und sie müssen dann eben doch eine Infusion bekommen.

Als wir aus dem Büro, in dem die Infusionsflaschen im Kühlschrank lagern, wieder zu ihr kommen, sieht uns die Kuh skeptisch an. Sie ist durchs Futtergatter festgehalten, kann also nicht flüchten. Hannes sticht den Zugang in eine dicke Bauchvene, helles Blut sprüht heraus, bis er den Schlauch mit der Mineralflüssigkeit eingestöpselt hat. Eine erste, dann eine zweite Flasche werden ihr eingegeben. Hannes spricht beruhigend mit ihr, reibt ihr den Rücken. Die Kuh senkt den Kopf, wirkt ebenso resigniert wie unsereins, wenn wir am Tropf hängen. Endlich fertig. Das Fanggitter wird geöffnet – und nach einem kleinen Verschnaufer geht sie zum Wasser, säuft in großen Schlucken, beruhigt sich.

Die Krankenrunde ist heute noch nicht beendet, in einer Gruppe von 250 Kühen und Jungrindern gibt es fast immer eine leichte Erkrankung, ein Lahmen oder auch einen Unfall. Gerade ist eine Sterke, die kürzlich in eine Gruppe von älteren Tieren in einen anderen Stall gebracht wurde, zurückgeholt worden auf Stroh. Sie hat sich in dem gepachteten Stall, in dem die Spalten breiter liegen als im heimischen, eine Klaue verletzt und lahmt stark, sie soll eine Penicillin-Spritze kriegen. Ein Fressgitter zum Einfangen gibt es hier nicht.

Also wird die Sterke langsam in die Ecke geleitet, in der sie mit gesenktem Kopf steht, auf dem Sprung, sofort zu flüchten. Hannes hat die Spritze gezückt und führt sie in schneller Bewegung nach unten zum Halsansatz des Tieres. In dieser geduckt-gespannten Haltung haut er die Spritze mit einem kräftigen Schlag durch Fell und Schwarte. Blitzschnell drückt er ab, während das Tier schon verschreckt auf dem Absatz kehrtgemacht hat. Wie beweglich und erfindungsreich sich Rinder aus engsten Positionen herauswinden können! Aber die Medizin ist verabreicht.

Als wir an den ständig brüllenden Jungtieren vorbeigehen und ich mich über deren Lärm beschwere, erklärt Hannes mir, dass sie erst seit wenigen Tagen keine Milch mehr bekommen. Ihre Kindheit ist vorbei, sie müssen von nun an mit Wasser, Silage und Heu auskommen. Das empört sie und sie protestieren gegen die neue Diät.

Hannes hat dafür Verständnis. Er hat einen großen Vorrat an Geduld.

4 HÖHLENMALEREI, SESSHAFTIGKEIT UND ACKERBAU

WENN ICH GENUG DAVON HABE, auf dem Hof im Weg zu stehen und tausend Fragen zu stellen, ziehe ich mich zu den Büchern zurück, genauer gesagt, zu den frühesten Darstellungen von Rindern, als sie noch Wildtiere waren. Man hat sie erst im 19. Jahrhundert entdeckt, in den Höhlen der Cro-Magnon-Menschen, und auch die Geschichte ihrer Entdeckung und die jahrelange Ignoranz der Fachwelt sind eine spannende Lektüre. Denn die Höhlenmalereien waren Zufallsfunde. Mal war ein Jagdhund auf unerklärliche Weise verschwunden, mal wagten sich ein paar Jugendliche in eine Höhle, fielen tiefer und erlebten die Überraschung ihres Lebens, mal rief ein kleines Mädchen seinem höhlenforschenden Vater zu: »Schau mal, Papa, die gemalten Stiere!« Aber die Paläontologen waren empört. Sie glaubten, man wolle ihnen irgendwelche »Schmierereien« als Kunst der ersten Menschen unterschieben und sich dann über ihre Leichtgläubigkeit lustig machen. Die mit Gravuren versehenen Steine und Knochen wurden als offenbares Menschenwerk aus der Steinzeit in den 1880er-Jahren auf Expertenkongressen und -tagungen akzeptiert und man begann, sie zu den Schädel- und Skelettfunden der verschiedenen Menschenarten hinzuzuzählen. Vielleicht waren sie ja Ausweise einer in der Steinzeit beginnenden bildnerischen Darstellungsfreude der frühen Menschen oder sogar rituelle Objekte, jedenfalls doch etwas, mit dem man sich beschäftigen sollte. Aber die Malereien, die besonders in südfranzösischen und nordspanischen Höhlen gefunden worden waren, blieben noch 1896 in einer Gesamtdarstellung paläontologischen Wissens vollkommen unerwähnt.

Es war wohl die enorme künstlerische Qualität, sogar Feinheit der Darstellungen – von Rindern und Pferden, von Steinböcken, Hirschen und Rentieren –, die gegen sie sprach. Die groben, primitiven Halbaffen und -äffinnen der Steinzeit, als die man sich die frühen Menschen vorgestellt hat, konnten ja unmöglich eine so differenzierte und differenzierende Kunst geschaffen haben.

Die Entdeckungen von über zweihundert Tierdarstellungen in der Höhle von Combarrelles in Südfrankreich durch den jungen Geistlichen Abbé Breuil 1901 führten zu einem Umdenken. Da nämlich nahm der wichtigste Urgeschichtsforscher Frankreichs, Émile Cartailhac, endlich einige der gemalten Tierdarstellungen persönlich in Augenschein. Er war bis dahin davon überzeugt gewesen und hatte andere davon überzeugt, dass die Malereien in diesen Höhlen nur Fälschungen sein konnten. Jetzt akzeptierte er sie sofort als steinzeitliche Kunst und schrieb einen Aufsatz, in dem er sich für seine Skepsis entschuldigte. Der Bann war gebrochen, ab sofort suchten Archäologen und Paläontologen selbst in den Höhlen nach Malereien und entdeckten mehr und mehr Tierdarstellungen. Sie erstellten aufwendige Listen und Beschreibungen von dem, was sie fanden, darunter auch abstrakte Zeichen wie Rechtecke, Linien, Kreise und Punkte. Inzwischen gibt es einen Fundus von 350 mit Malereien ausgeschmückten Höhlen von Portugal bis zum Ural, die durch intensive Forschungsarbeit Bruchstücke des Lebens und der Gesellschaftsstrukturen der frühen Europäer vorstellbar gemacht haben.

Es ist leicht, die anfängliche Skepsis der Wissenschaftler zu kritisieren. Aber die Qualität und Genauigkeit der Tierdarstellungen müssen wirklich jeden verblüffen. Was etwa die vor mehr als zehntausend Jahren gemalten Rinder angeht, so erkennt man bei allen deutlich und klar, ob sie Kühe oder Bullen, Wisente, Bisons oder Auerochsen sind.

Die paläo- und neolithische Kunst, die inzwischen ab 37.000 v. d. Z. in Europa nachgewiesen ist, umfasst insgesamt einen Zeitraum von ungefähr 30.000 Jahren. Das ist eine vierzehnmal so lange Zeitspanne wie die, die unsere Zeit vom biblischen Geschehen im alten Palästina trennt! Sie betrifft zudem eine Ära der frühen Menschen lange vor der Erfindung der Schrift. Auch deshalb gibt es eine lange Liste von dem, was wir über die Höhlenmalerei nicht wissen, etwa welche Bedeutung sie für die Menschen damals gehabt haben könnte, die als umherziehende Jäger und Sammler lebten und weder domestizierte Pflanzen noch Tiere kannten. Die Frage nach dem Sinn der Darstellungen hat von Anfang an viele Thesen und Theorien hervorgebracht. Besonders prominent war lange die Vorstellung, dass es sich um eine Art Jagdzauber gehandelt haben könnte, um eine religiöse oder rituelle Beschwörung der dargestellten Tiere, die als Jagdbeute oder, wie Bären und Raubkatzen, als Jagdkonkurrenten gesehen wurden. Oder hat man durch den Akt des Malens vielleicht Kontakt mit einer jenseitigen Welt aufgenommen, als deren Boten die Tiere gegolten haben? In der Literatur zur Höhlenmalerei überboten sich Autoren und Autorinnen mit eindrucksvollen Beschreibungen und Spekulationen und trumpften gerne mit neuen Hypothesen auf, wie etwa, dass alle Pferde als Symbole des Weiblichen und alle Stiere als die des Männlichen zu sehen seien – oder auch umgekehrt. Schnell wurden solche Theorien auch wieder verworfen. Neuere Interpretationen gestehen dem Akt des Malens selbst einen schamanischen Sinn zu bzw. legen in diesem Zusammenhang einen Initiationsritus für junge Jäger nahe. Aber es gibt auch die Auffassung, die Zeichnungen und Malereien seien nur ein simpler, lustvoller, aber mit keiner weiteren Bedeutung versehener Kunstausdruck gewesen. Die Menschen hätten nur gemalt, was sie sahen, und weil sie Lust dazu hatten. Erstaunlich immerhin, dass sie dann keine Menschen malten – oder Bäume und andere Pflanzen.

Wichtig scheint mir die Frage, welche Vorstellung von den frühen Menschen und ihrem gesellschaftlichen Zusammenleben wir haben. Und auch welche sie selbst von sich hatten. Welchen Hinweis können uns ihre Tierdarstellungen geben? Was sehe ich, die ich mit großen Tieren aufgewachsen bin? Was zeigen mir die Fotografien der Tierdarstellungen von Lascaux und Altamira, die in zahlreichen Bildbänden reproduziert sind?

Ich sehe, die Tiere treten einzeln und in Gruppen auf, sie stehen alleine, laufen gemeinsam, sie sind männlich und weiblich, sie kämpfen miteinander und sie sind tragend, obwohl sie nie kopulierend oder gebärend gezeichnet werden, durchaus aber brünftig, sie rennen, brüllen oder keuchen – haben offene Mäuler, aus denen die Zunge hervorsieht.

Sie sind riesig.

Sie sind gefährlich.

Und so leuchtet mir sehr ein, was die amerikanische Publizistin Barbara Ehrenreich schrieb: »Lange vor dem jagenden Menschen muss es den gejagten Menschen gegeben haben.« Sie kennzeichnet diese beiden Epochen als »eine, in der unsere Vorfahren sich meist als potenzielle Beute durch die Welt bewegten, und eine andere, in der sie selbst ihren Platz unter den Raubtieren einnahmen, die sie so lange verfolgt hatten«. Der Übergang von der einen zur anderen muss abhängig gewesen sein, so schrieb sie, von der Entwicklung von Werkzeugen, die zum Angriff taugten, und von gesellschaftlichen Organisationsformen. Und die hat man sich, so denke ich weiter, von den Tieren abgeguckt, hat ihre Zähne und Geweihe – vielleicht aus Kadavern herausbrechend, die Raubkatzen hinterlassen hatten – als Waffen genutzt und sich wie sie zu Rudeln zusammengeschlossen. Dann könnten die Höhlenmalereien auch Zeugnisse jener Entwicklung sein, die der Mensch machte – vom

Beutetier zu einem Tier, das sich wehrt und erst dann zum Angreifer wird, zum Jäger.

Bis zum Hausrind war es so oder so noch ein langer Weg. Ein paar Tausend Jahre.

Auf der Suche nach weiteren Spuren treffe ich auf immer mehr Differenzierungen und einige Zwischenstationen. So stoße ich etwa auf Catal Hüyük. Ausgerechnet eine der ersten Städte der Weltgeschichte, die in den 1950er-Jahren in der Türkei, im Südosten Anatoliens, entdeckt und in den 1960er-Jahren ausgegraben wurde, zeigt uns Tausende Jahre nach den Wildrindern von Lascaux eine ackerbauende und viehhaltende Gesellschaft.

Catal Hüyük, so lese ich, war eine Stadt, die mindestens 1.000 Jahre Bestand hatte, man datiert sie von 7.000 – 6.000 v. d. Z. Der Ort war und blieb über diesen ganzen langen Zeitraum hinweg eine rein neolithische Anlage, d. h. es gab keine Werkzeuge aus irgendeinem Metall, sondern nur aus Stein. Die Stadt bestand aus einer riesigen Ansammlung nahezu gleich großer Einraumwohnungen, die man vom Dach aus durch Luken betrat. Was man bei den Ausgrabungen nicht fand, waren Zeichen für Tempel oder Marktplätze, oder auch Hinweise auf Götter und soziale Hierarchien zwischen den Bewohnern. Höchst auffällig und einzigartig dagegen ist, dass sie in die Wände ihrer Wohnstätten sogenannte Bukranien einmauerten, das sind die knöchernen Stirnen von Rinderschädeln samt ihren Hörnern. Dabei ragten die Hörner in den Raum hinein, und oft sind mehrere solcher Bukranien im selben Raum, in dieselbe Wand eingelassen gefunden worden. Welche Bedeutung dies auch immer hatte – und wie immer in der Archäologie gibt es viele Thesen dazu – , konnte man am Ende durch DNA-Analysen sicher feststellen, dass Schädelteile und Hörner ausschließlich von Wildrindern stammten und nicht, wie es lange angenommen worden war, von domestizierten Rindern. Auch die winzigen Nahrungsrestspuren fleischlicher Herkunft aus den Gefäßen Catal Hüyüks wurden eindeutig analysiert als Reste von ungezähmten Rindern. Hinzu kamen aber auch Reste von domestizierten Tieren, nämlich von Schafen und Ziegen, und es fanden sich Spuren von Milcheiweiß in den Gefäßen bzw. an Gefäßscherben. Man geht hier von fermentierten Milchprodukten aus, etwa Schafs- und Ziegenkäse, vielleicht auch Joghurt und Kefir und ähnlicher Kost. Rohmilch wird es nicht gewesen sein, denn eine Laktosetoleranz gab es beim erwachsenen Menschen laut Knochenanalyse noch nicht. Dass hier auch kleine Statuetten von wohlbeleibten Frauen gefunden wurden, hat wiederum für viele Theorien und Interpretationen gesorgt, in denen Fruchtbarkeitsgöttinnen und Bullen die eine oder andere fantastische Rolle spielen.

Man melkte also noch keine Kühe, aber doch schon die domestizierten Ziegen und Schafe. Und es konnten die Anfänge des Ackerbaus ausgemacht werden, denn man fand Reste von domestizierten Pflanzen in Catal Hüyük: Emmer, Einkorn, Nacktgerste und Weizen.

Aber was hat es mit der Darstellung der wilden Tiere auf sich? Es finden sich tatsächlich Jagdszenen mit Menschen und großen Vierbeinern an die Wände gemalt, dazu Raubkatzen in bedrohlicher Körperhaltung. Auch hier existieren viele Thesen und Theorien. Annalee Newitz, die über Catal Hüyük geschrieben hat, ist der Meinung, diese Vielzahl von Darstellungen wilder Tiere könnte auf eine spirituelle Ehrfurcht hinweisen, die der eigenen Selbstdarstellung gedient habe. Man habe möglicherweise zeigen wollen, »wir«, also die Bewohner dieses Hauses, sind schnell wie Leoparden und stark und gefährlich wie Auerochsen. Da ginge es also um Zeichen des Könnens, der Identifikation. Daneben aber, so Newitz, ist womöglich auch eine Ambivalenz ausagiert worden, mindestens eine gewisse Angst vor der Überlegenheit der Tiere, ihrer Schnelligkeit und Stärke. Das eigentlich und entscheidend Neue in Catal Hüyük, so nimmt man an, war die Etablierung des Hauses als Wohn- und Lebensort. Außerhalb der Stadtmauern waren die Felder angelegt, da draußen hielt man die Tiere und brachte die Erzeugnisse von dort nach Hause. In das Haus lud man dann auch in Form der Bukranien das Wilde ein, das dann jedoch gleich eingehegt wird durch eine subtile Art des Wegsperrens: Die Bukranien wurden nämlich vollständig mit Gips überzogen, waren nicht mehr wild und nicht mehr Waffe, sie wurden zu Schmuck.

Viele Menschen dauerhaft an einen Ort zu binden und Arbeitsteilung möglich zu machen, das waren, so die vorherrschenden Interpretationen der Funde, die epochalen Neuerungen in Catal Hüyük. Und die Sesshaftigkeit hatte enorme Folgen. Alle Erzeugnisse und Vorräte konnten in größerer Menge aufbewahrt werden, Werkzeuge und Gefäße in immer ausgeklügelterer Form hergestellt. Auch Feldbau und Viehhaltung hatten Zeit, sich weiterzuentwickeln, man probierte und verfeinerte neue Saaten, kreuzte Vieh, stellte immer subtilere Werkzeuge und bessere Gefäße her.

»Die Landwirtschaft erhielt die Stadt und die Stadt ermächtigte die Landwirtschaft. Diese Wechselwirkung war es, die eine städtische Entwicklung möglich machte«, schreibt Newitz. Für sie ist klar, dass ein Bewohner oder eine Bewohnerin von Catal Hüyük »Landwirtschaft als Teil des Stadtlebens gesehen hätte, nicht als sein Gegenteil«.

Was für ein geheimnisvoller, interessanter Ort! Es scheint ganz so, als hätte sich in einer der ersten Städte der Welt – in der 2.500 Menschen gleichzeitig gelebt haben könnten – zwei in der Literatur meist streng voneinander geschiedene Kulturtechniken, nämlich das nomadische Jagen und das Sammeln und die sesshafte Lebensweise früher Bauern, überschnitten. Die Bewohner bauten in Feldern um die Stadt herum Getreide an und hielten dort ihr Vieh. Und anders, als es die lange und immer wieder erzählte Geschichte über die frühe Menschheit will, dass nämlich Landwirtschaft der Beginn des Privateigentums, der sozialen Hierarchien und der Kriege gewesen sei, schien man hier keine Hierarchien zu kennen. In Catal Hüyük könnte der Beweis liegen, dass Sesshaftigkeit und Ackerbau nicht notwendig zu Privateigentum, Ungleichheit und Kriegen geführt hat.

Nach 1.000 Jahren verschwand Catal Hüyük. Aber eigentlich verschwand es auch nicht. Denn die ansässige Bevölkerung wusste immer, dass an dieser Stelle einmal eine Stadt gewesen ist, und sie benutzte das Areal bis vor ein paar Hundert Jahren noch als Friedhof. Die Bestattung der Toten an dieser Stelle war eine höchst angemessene Nutzung. Denn zu den höchst ungewöhnlichen Elementen dieser Stadt hatte auch gehört, dass die Bewohner die Toten unter ihren Betten bestatteten. Die großen Mengen an Skeletten und Knochen in den Böden der Häuser verweisen darauf. Nach einiger Zeit wurde das Haus zugeschüttet und ein neues Stockwerk über dem alten errichtet.

Sesshaftigkeit, am Ort bleiben, nicht mit den Herden weiterzuziehen, sondern ihn zu bewohnen, sich einzurichten, Jahreszeit um Jahreszeit, Jahr um Jahr, muss zu einer riesigen Veränderung in der Auffassung von diesem Ort geführt haben. Und von sich selbst. Von der Zugehörigkeit zu einem Ort, von der Schaffung eines Zuhauses.

5 EIN ROBOTER RUTSCHT AUS UND EINE KUH HAT SICH QUERGELEGT

AM NÄCHSTEN MORGEN GIBT ES Theater im Stall. Eine Kuh hat sich quer zu den Boxen in einen Spalt gelegt, aus dem sie alleine nicht herauskommt, sie hat sich völlig verkeilt. Anfangs ist noch alles ruhig, sie selbst kaut gemächlich wieder. Wie Kühe so sind. Aber man muss ihr aus der Klemme heraushelfen. Mit der Körperkraft zweier Männer funktioniert es nicht. Also wird der Hoflader zum Einsatz gebracht, der ist schmal und wendig und leicht genug, um vom Spaltenboden getragen zu werden und zu manövrieren. Jetzt interessieren sich alle Kühe für das ungewöhnliche Gerät in ihrem Stall, drängen und schubsen, stoßen sich brummend gegenseitig weg. Waldemar und Hannes bleiben ruhig, sie legen ein Seil um den Nacken des verkeilten Tieres, daran zieht der Lader und ich staune, wie lang eine Kuh ihren Hals machen kann. Die Kuh wird so lange angehoben, gezogen und geschoben, bis sie endlich frei ist und alleine aufstehen kann. An ihren Hüftknochen ist das Fell an einer Stelle bis auf die Haut abgeschabt. Langsam und steif geht sie in den Melkstand. Die Aktion hat eine halbe Stunde gedauert, jetzt muss sie noch gemolken werden und darf danach in den Krankenstall aufs Stroh humpeln, wo Hannes später ihre Schürfwunden verarztet. Dort wird sie einen Tag beobachtet und kann sich von Aufregung und Schreck erholen.

Das Frühstück ist dadurch wieder ein bisschen weiter weggerückt, es müssen noch die Boxen gemacht, d.h. der Mist rausgekratzt, anschließend Kalk in alle Liegeboxen gestreut werden zum Desinfizieren und für die Sauberkeit der Kühe. Die letzte Milch verfüttert Anna an die Kälber, der Melkstand wird von Waldemar ausgespritzt. Schließlich geht Anna ins Haus, um das Frühstück zu richten. Aber dann hat Hannes noch in der Herde zu tun, die vom Melkroboter Nr. 1 bedient wird, er muss einige Tiere zur Besamung herausfischen, weshalb Waldemar sich um die beiden Kühe kümmern kann, die anschließend zum Melkroboter kommen sollen.

Ich frage, welche Vorbereitungen man da treffen muss.

»Wir müssen ihre langen Euter- und Schwanzhaare entfernen.«

Eine der Kühe, die dafür schon im Fanggatter stehen, reißt ständig ihren Kopf hoch, dreht den Körper mal hier- und mal dahin, das Gestänge rumpelt und rattert. Die andere steht ruhig daneben und kaut. Solange sich mit der ersten keiner beschäftigt, stellt die immer wieder die Ohren nach vorn, hebt den Kopf hoch, zeigt ihre Angriffslust. Als Waldemar schließlich anfängt, ihren Schwanz zu scheren, steht sie lammfromm und wie nach innen horchend da. Sobald aber ihre Nachbarin mit derselben Prozedur dran ist, hebt sie wieder wütend den Kopf und stellt die Ohren nach vorne. Dagegen trippelt die andere während der Schur unruhig hin und her und beruhigt sich erst, als alles vorbei ist. Mich beeindruckt, wie unterschiedlich Tiere auf dieselbe Situation reagieren können.

Da nun der Vater noch beschäftigt ist, will der Sohn die Besamungen noch vor dem Frühstück machen. Ich gehe mit ihm wieder ins Stallbüro, dort wird das Bullensperma in flüssigem Stickstoff bei minus 196 Grad gelagert. Zuerst wird das Auftaugerät eingeschaltet, nach 36 Sekunden ist das Sperma bereit, der Besamungsstab wird angewärmt, Hannes steckt den Stab, in den das Sperma eingelagert ist, in den Overall und zieht sich rechts einen langen Handschuh aus Plastik fast bis zur Schulter. Wir gehen zu den beiden Kühen, die in Fanggittern warten. Hinter der ersten Kuh stehend, die die Ohren anlegt, fährt zuerst Hannes' rechter Arm in ihren Darm. Von dort aus fühlt er nach dem Gebärmuttermund und führt dann mit links den Stab in die Vagina der Kuh ein, er sucht den Weg, wie er sagt, um das Sperma in der Gebärmutter abzulegen, von dort wandert es zur empfangsbereiten Eizelle. Die Suche nach der richtigen Ablagestelle ist nicht so einfach. Man braucht Fingerspitzengefühl und muss sich Zeit lassen. Hannes ist konzentriert und sucht den Zugang, die Kuh hat den Kopf gesenkt. Die zweite Kuh allerdings käut während ihrer Besamung ungerührt wieder. Erst seit zwei Monaten besamt Hannes selbst. Eine Belegung durch den Besamungstechniker kostet siebzig bis hundert Euro, und da fast täglich mindestens eine Kuh besamt wird, können junge Milchbauern in Besamungskursen die Technik erlernen und so Kosten sparen.

Inzwischen hat Waldemar schon wieder eine Beschäftigung gefunden und treibt ein paar Kühe von der Melkstandgruppe zu einer der Robotergruppen um.

Aber ich bin jetzt ins Haus gegangen. Anna hat Kaffee gekocht, das Frühstück auf den Tisch gestellt und angefangen, das Mittagessen vorzubereiten. Keiner beginnt hier zu frühstücken, bevor nicht alle am Tisch sitzen.

Ich frage sie, wie viele Kälber sie heute Morgen schon getränkt hat, wie viele Kilogramm Biestmilch, das wertvolle Kolostrum, sie schon vor dem Frühstück geschleppt, eingegossen, gehoben und getragen, ausgegossen und mit dem Drenchstab in Kälberkehlen eingeführt hat.

Aber sie winkt nur ab.

»Ein ganz normaler Morgen«, sagt sie.

»Da waren doch reichlich Störungen heute«, protestiere ich.

»Ist auch normal«, sagt sie.

Der nächste Tag, ein Sonntag, ist mein letzter Tag hier. Nach dem Frühstück werde ich in die Stadt zurückfahren.

Es ist früh und ich gehe nach vorne zum Eingang des Hofs. Im Kalbestall liegt das neugeborene Kalb noch bei den Kühen. Es ist am Abend zuvor geboren und ich hatte mich heimlich gefreut, dass ich den Kalbetermin der Sterke richtig eingeschätzt hatte. Sie ist ein schönes, helles Tier, das im Moment alleine im Abkalbestall steht. Ich hatte gesehen, wie schnell das Euter jetzt anschwoll, und gedacht, dass sie entweder noch am Abend oder am folgenden Tag kalben würde. Sie kalbte abends um acht. Waldemar und Hannes waren nach dem Abendbrot noch einmal zu Feld gefahren, ich saß schon im Wohnzimmer und hörte Nachrichten, als Anna reinkam. Sie habe sich gerade duschen wollen, sagte sie, als ihr einfiel, noch mal zur Sterke zu sehen. Und tatsächlich guckten da die Füße des Kalbes schon raus, da hat sie ein wenig geholfen. Es war ein kräftiges Bullenkalb und die Geburt für eine Erstkalbende erstaunlich leicht gewesen. Die Kuh war gleich aufgestanden und hatte das Kalb abgeleckt.

Nun erkundet es gerade seine Umgebung. Es hat sich, wer weiß wie, durch das Gatter zur Nachbarkuh rübergequetscht, und seine Mutter guckt irritiert zu, wie das Kalb auf der anderen Seite umherspringt.

Hannes ist heute sehr früh draußen, nach dem Viehbesorgen steht die Frühjahrsbestellung an. Er befüllt die Futterküche mit neuen Silage-Würfeln.

Waldemar kommt um die Stallecke.

»Es hat gefroren«, sagt er.

»Woran siehst du das?«

»Drüben sind die Siloplanen bereift.«

Wieder ein dunstiger Morgen.

Wieder steht der Futterroboter, wo er nicht stehen soll, aber heute lässt er sich ohne Weiteres bewegen. Waldemar kümmert sich darum, fährt ihn zur Station, dockt ihn an, kontrolliert das Programm. Anna füttert die ersten Kälber, bis Waldemar so weit ist und sie mit ihm gemeinsam im Melkstand beginnen kann. Wieder gehe ich mit ihnen, und wieder kommen Katzen dazu, turnen im oberen Gestänge des Melkstands.

»Unsere Oberaufsicht«, sagt mein Bruder.

Vor dem Melkstand sammeln sich die Kühe wie jeden Morgen. Hinter ihnen hat Anna schon abgesperrt. Heute Morgen kommt mir der Ammoniakgeruch im Stall viel schärfer vor als gestern. Ist es, weil ich heute wieder in die Stadt fahre? Aber unter bestimmten Wetterbedingungen riecht es auch in der Stadt, jedenfalls in Berlin, scharf nach Kanalisation.

Ich gehe rüber zu Hannes, der mir das Einmelken von zwei Kühen am Roboter zeigen will. Die erste Kuh war direkt nach dem Kalben ein paar Tage noch im Melkstand gemolken worden, inzwischen hat sie sich von der Geburt erholt und ihre Milch kann ohnehin schon abgeliefert werden. Zuerst muss der Roboter manuell auf ihr Euter eingestellt werden. Sie steht sehr ruhig da.

»Wie ein Baum«, sagt Hannes.

Aber dann geht sie doch einen Schritt vor und der Roboter reagiert zu spät, obwohl eine Kamera über der Kuh ihre Bewegungen anzeigt und den Apparat eigentlich animieren soll, mit der Kuh mitzugehen. Die Zitzenbecher fallen ab. Der Roboter geht gleich wieder frisch ans Werk und justiert neu. Als Sterke ist diese Kuh schon ein paar Wochen mit der Kuhherde mitgelaufen und natürlich aus Neugier auch durch den Melkstand des Roboters spaziert, und natürlich hat der sie, ohne zu melken, wieder rausgelassen, sie war noch nicht bei ihm registriert. Jetzt ist sie von all dem Brummen, Klicken und Schlürfen kein bisschen eingeschüchtert. Beim Warten auf die zweite neue Kuh werden von Hannes noch schnell die Liegeboxen fertig gemacht, es gehen nach der ersten Neuen inzwischen ein paar andere durch den Stand, manche werden gemolken, andere nicht, bis endlich die reingeht, auf die wir warten. Ich gehe mit ihm vorher zu den Boxen und freue mich über die Kuh mit dem weißen

Gesicht und den Löckchen über der Stirn. Hannes erzählt mir, sie sei eine der älteren Kühe, die oft mit einer Kollegin beisammen ist, beide sind weiß und groß. In Herden von knapp sechzig Kühen kennen die Tiere einander, bilden lockere Gruppen, befreunden sich, lecken einander, gehen zusammen durch den Stall und legen sich oft nebeneinander in die Boxen.

»Das sind oft Kühe, die sich charakterlich ähneln«, sagt Hannes. »Bei dieser und ihrer Freundin ist es die Neugier.« Tatsächlich herrscht durch die Stabilität des sozialen Gefüges in den verschiedenen Herden meistens eine große Ruhe im Stall. Wenn es unruhig wird, weiß man gleich, etwas ist nicht in Ordnung.

Während ich neben ihm herlaufe, klärt Hannes mich auch noch über eine weitere Leistung des computerisierten Melkprogramms auf. Bei Euterentzündungen etwa steigt der Salzgehalt in der Milch, was einen Anstieg des elektrischen Leitwerts der Milch auslöst – und dieser Wert wird per Computerprogramm täglich gemessen. Darin liegt auch eine Art Früherkennung. Ich bin beeindruckt von den technischen Möglichkeiten und solchem Wissen, aber meine Begeisterung macht ihn fast ein wenig mürrisch.

»Was denkst du denn! Wir gehen hier in Deutschland durch eine der international besten landwirtschaftlichen Ausbildungen«, sagt er, und ich verstehe gleich, worauf diese Bemerkung abzielt. Das negative Bild von den Bauern, und besonders von ihnen als Viehhaltern, kränkt sie auch deshalb, weil die Öffentlichkeit ihnen keine gute, sach- und fachgemäße Arbeit mit den Tieren zutraut.

Eifrig fährt der Roboter den Futtertisch entlang, tatsächlich liegt da kein Futter, außer bei den umgestallten Jungrindern, die aber keine Lust auf dieses Futter haben und uns weiter die Ohren vollbrüllen. Die Kühe dagegen eilen zum Futtertisch, sobald der Roboter kommt. Nur eine der großen weißen Kühe bleibt stehen und lässt sich erst einmal genüsslich Rücken und Hintern von einer der von oben herabhängenden, rotierenden Bürsten massieren.

Anna geht schnellen Schrittes mit Schaufel und Besen vorbei, auch sie kratzt Mist aus den Boxen, geht mit dem Kalkeimer durch die Gänge, kalkt neu ein, treibt Kühe. Dann verschwindet sie in der Milchkammer, kommt mit dem frisch gefüllten Milchtaxi wieder heraus und fährt damit zu den Kälbern, um auch die kleinsten noch zu tränken.

Es ist jeden Tag dasselbe – und doch jeden Tag anders.

Alle Roboter sind im Einsatz, wie die Heinzelmännchen in der Sage. Der Mister schiebt den Mist vom Spaltenboden ab, der Futterroboter wirft Futter vor die Kuhmäuler, vor den beiden Melkrobotern stehen die Kühe Schlange.

Ich staune ein bisschen, dass mich die emsige Robotik so angenehm berührt. Die Tiere sind umsorgt, die schwere körperliche Arbeit des Entmistens, Fütterns und Melkens wird getan. Was den Menschen bleibt, ist die Organisation und Kontrolle von Gesundheit und Sauberkeit, sind Umtrieb, Besamung und Geburtshilfe, ist hier und da ein entscheidender Handgriff, eine Korrektur und immer wieder auch eine Besänftigung der Tiere. Später lese ich von wissenschaftlichen Untersuchungen, in denen mit Verwunderung festgestellt wird, dass Viehhalter ein freundliches, nicht selten sogar ein liebevolles Verhältnis zu ihren Tieren haben.

Mich wundert die Verwunderung der Wissenschaftler.

Waldemar holt die beiden auf Stroh gestellten Kühe zum Melken, das Kalb bleibt allein, Hund und Katze spazieren bei ihm im Stroh umher. Das Kalb staunt über Katze und Hund und wird selbst von einer Kuh, die nebenan steht, angemuht – eine der aufgeregten Kolleginnen, die es in den Herden immer gibt. Der kleine Bauch des Kalbes hebt sich, es öffnet das Maul, es müsste ein Blöken herauskommen, aber ich höre es nicht. Vielleicht probiert es noch, vielleicht ist aber auch der Motor der Melkmaschine zu laut.

Gänse quackeln in der Ferne.

Ich gehe noch einmal zu Waldemar in den Melkstand.

Die Sterke, die gerade ein erstes Mal gemolken wird, lässt ihre Milch noch nicht fließen, es durchläuft sie ein starkes feines Zittern.

»Sie hat Angst«, sagt Waldemar, »es ist alles neu hier für sie«, und er versucht, sie mit der eigenen Ruhe, Stimme und Geste zu beruhigen. So beruhigt auch Anna das zitternde Kalb beim Drenchen. Unaufdringlich und kräftig an den richtigen Stellen reibend, gut zuredend, wie nebenbei.

Die morgendliche Sonne ist inzwischen höher gestiegen, aber immer noch ist sie verborgen von einem grauen Hochnebel, durch den Schleier hindurch nur als weiße Scheibe sichtbar. Mit Anna von den Kälbern kommend, fällt mein Blick auf die Sternmagnolie hinter dem Haus, sie ist mit weißen Blüten übersät, ein Bäumchen in seiner eigenen stillen Schönheit, von Anna gepflanzt und gepflegt. Als wir am Melkroboter vorbeigehen, kontrolliert Anna noch ein Gatter, öffnet es, Kühe hatten sich davor gestaut und konnten nicht zum Melken gehen.

»In ein paar Minuten hätte der Roboter eine akustische Fehlermeldung geschickt«, sagt sie. Geschlossen hatte das Gatter wohl Hannes, als er frühmorgens zwei Tiere zum Besamen aus der Herde geholt hat. So muss jeder die Augen aufmachen, mal hier und mal da einen Handgriff tun, damit alle Vorgänge ab- und weiterlaufen. Und ich bemerke, dass es auch diese ineinandergreifenden Tätigkeiten sind, die mich, wenn ich auf dem Hof bin, so beeindrucken und seltsam zufrieden machen. Dass jeder die Arbeit aufhebt, wo sie liegt. Keiner wartet, dass ein anderer sie tut.

Jetzt schnappt sich Anna aus der Milchkammer einen kleinen Eimer mit frischer Milch und geht ins Haus.

Beim Frühstück sprechen wir über die Rübsen auf dem Maisschlag. Sie sind im Herbst nach der Maisernte gesät worden. Je nach Winterwitterung wachsen sie dreißig bis fünfzig Zentimeter hoch, dann werden sie im Frühjahr, also jetzt, in den Boden eingearbeitet als Düngung und Struktur. Dafür hängen am Trecker für den ersten Arbeitsgang vorne der Mulcher, hinten das Güllefass, hinter dem noch die Scheibenegge. Drei Vorgänge der Bodenbearbeitung, bevor gepflügt und gegrubbert wird. Dann kommt der Mais in die Erde.

Bevor ich fahre, muss ich noch eine Frage loswerden zum Futter für die Kühe. Es sei so viel die Rede davon, sage ich, dass auf vielen Ackerflächen Viehfutter angebaut würde anstatt direkt Nahrungsmittel für Menschen.

Sie gucken mich etwas mitleidig an.

Erstens seien diese Futtermittel ja nicht verloren für die menschliche Ernährung, vielmehr werden sie in hochwertiges Protein umgewandelt, nämlich in Fleisch und Milch. Zweitens sind 86 Prozent aller Viehfutter für den Menschen als Nahrung nicht verwertbar, das gilt vor allem für Gras, aber auch für Mais, bei dem ja für das Vieh die gesamte Pflanze genutzt wird. Für das Kraftfutter werden im Übrigen viele Reste aus der Lebensmittelverarbeitung genutzt, das sind etwa Maische, Trester, Rapsextraktionsschrot und Rübenschnitzel.

Wieder einmal lerne ich, dass die vielen einfachen, einleuchtenden Sätze über die Landwirtschaft nicht einmal halb richtig sind.

Nach dem Frühstück hängen Waldemar und Hannes die Maschinen an die Trecker, um Grünland und Acker vorzubereiten. Gegüllt worden ist schon, jetzt ist das Rüschen und Striegeln dran, danach muss noch das Grasland gewalzt werden. Durch das Tauen der gefrorenen Erde heben sich die Böden an, durchs Walzen werden Grasnarbe und Erde wieder zueinander gebracht. An manchen Stellen des Grünlands muss Gras nachgesät werden, obwohl das im Herbst eigentlich effektiver gewesen wäre. Aber dafür war es im letzten Herbst zu nass, man kam mit den Maschinen gar nicht auf die Flächen. Und nein – sie lachen mich an –, auch mit Pferden wäre es nicht gegangen, auch die wären zu tief in den Boden eingesunken.

Während Anna und ich zum Bahnhof fahren, brausen Hannes und Waldemar mit den Treckern zur Feldbestellung: Vorbereitung für den Sommer, wenn die zunehmenden Sonnenstunden den grundsätzlichen Prozess in Gang bringen, der Nahrung bedeutet für Mensch und Tier – die Fotosynthese.

6 ZU HAUSE IST, WO DIE TIERE SIND

DIE IM STALL ZUSAMMENGEDRÄNGTE, geballte Energie der Kühe, ihr winterliches Festgehaltensein durch Mauern und Ketten, empfand ich als Kind immer auch als eine Gefahr. Vielleicht lag es daran, dass ich körperlich klein war, ein Kind eben, und die Kühe so groß. Aber eigentlich ist mein Eindruck von ihrer überlegenen Größe und Kraft nie verschwunden.

Wenn die Kühe im Frühjahr endlich auf die Weide gelassen wurden, war das wirklich wie eine Explosion. Ich vermute, dass es immer am Wochenende geschah, also wenn wir Kinder schulfrei hatten. Wir wurden mit kräftigen Stöcken ausgestattet und dort an den Weg gestellt, wo die Kühe nach rechts oder links ausbrechen könnten. Der erste Lauf der frisch von ihren Ketten befreiten, aufgeregten Kühe ging direkt auf die Weide hinter dem Haus. Es waren Drähte gezogen und Balken vorgelegt worden, sodass es nur diesen Weg für sie gab.

Dass sie plötzlich aus der Dunkelheit des Stalles, aus Gestank und Bewegungslosigkeit hinauskamen in Licht, Luft und Bewegungsfreiheit, war anfangs und jedes Jahr wieder eine große Überwältigung. Manch eine trat mit Vorsicht und wie betäubt aus dem Stall hinaus, andere wurden schon durch die ersten Schritte weg vom Platz der Anbindung, wo es immer nur einen Meter nach rechts und einen nach links gegangen war, von einem übersprudelnden Drang erfüllt, sich zu bewegen. Sie eilten und stürmten zum Ausgang, drängelten die anderen weg und überholten was oder wer ihnen im Weg stand, sprangen, hüpften, hoben die Köpfe und Schwänze. Und rannten wie blind und taub los, und nur, wo jemand stand und mit dem Stock drohte oder sie anbrüllte, verstanden sie, dass dies nicht die Richtung war, drehten ab und rannten durch die einzig frei gelassene Gasse zur Weide, wo manche wieder hüpften und sprangen wie junge Kälber. Ihre mächtigen Leiber mit den großen Eutern daran bewegten sich auf eine, wie ich fand, fast unziemliche Weise. Sie waren wie betrunken von der körperlichen Freiheit, der Luft, dem Gras und der Helligkeit, in der sie sich nun befanden.

Andere Kühe gingen mit Vorsicht aus dem Stall, Schritt für Schritt prüften sie mit gesenkten Köpfen den Boden, schnupperten, hoben die Nasen nur halb so hoch wie die anderen, staksten breit- und stelzbeinig durch die Tür und gingen gemessenen Schrittes zur Weide. Anders als später im Jahr, wenn sie sich im täglichen Gang oft langer Wege ein gewisses Nicken zu eigen gemacht hatten, hielten sie anfangs den Kopf noch etwas starr, schwenkten ihn höchstens ein wenig nach rechts und links und legten dabei die Ohren an, als sei Gefahr im Verzug. Sie wichen den Sprüngen der anderen aus und machten sich, auf der Weide angekommen, gleich über das frische Grün her.

Tatsächlich zeigte jede ihren Charakter in dem, wie sie diesen ersten Weidetag beging, wild oder vorsichtig, übermütig oder gelassen.

Aber sowohl für die wild Hüpfenden als auch die ruhig Schreitenden kam an diesem Tag der Moment, an dem sie ihre Position in der Herde neu erringen oder die alte verteidigen mussten. Und wenn nicht an diesem Tag, dann am nächsten oder übernächsten. Es gab eine Hierarchie unter ihnen, an deren Spitze die Leitkuh, eine ältere, meistens ziemlich große Kuh, stand. Die Hierarchie reichte bis hinunter zu den jungen Kühen, die erst während des Winters das erste Mal gekalbt und schon bei den anderen im Stall gestanden hatten, deshalb aber noch nicht wirklich in die Herde eingeführt waren. Man sah an diesem Tag viele gesenkte Köpfe und hörte Stirnplatten aneinanderkrachen und fühlte mit, wenn spitze Hörner in Hinterbacken, weiche Flanken und Bäuche gerammt wurden. Deshalb mussten wir Kinder anfangs mehrere Stunden bei den Tieren auf der Weide bleiben und immer wieder dazwischengehen, wenn eine rangniedere Kuh derart bedrängt wurde, dass sie im Stacheldrahtzaun oder im Graben zu landen drohte. Wir mussten unseren ganzen Mut zusammennehmen und kräftig auf die angreifende Kuh draufhauen, bis sie aufgab und sich trollte. Das Austragen der Rangkämpfe zu verhindern war natürlich nicht unsere Aufgabe und es hätte auch nicht in unserer Macht gelegen. Jedes Jahr wieder wurde anhaltend um die Rangordnung gekämpft, wurde neu ausgehandelt, wer sich etwa beim Saufen anstellen musste und wer die vor ihr saufende Kuh ungestraft wegboxen durfte. Sobald diese Fragen in der Herde geklärt waren – neben der dominanten Kuh gab es ein, zwei Konkurrentinnen um den zweiten und dritten Platz, der Rest war einigermaßen gleichrangig –, existierte nur noch das Grasen, Saufen und Wiederkäuen.

Nach ein paar Stunden wurden die Tiere wieder hereingeholt, damit sie sich nicht überfraßen und an der gefährlichen Pansenübersäuerung oder Weidetetanie erkrankten. Also trieb man sie nach Hause und warf ihnen Stroh vor, damit sie sich mit genügend Raufutter kauend aus der Gefahr der Aufblähung herausbegeben konnten.

In diesen ersten Tagen fanden wir häufig abgestoßene Hörner im Gras, jene leeren, oft noch mit Blut beschmierten Umhüllungen aus Horn. An ihren Rillen zählten wir ab, wie viele Kälber die Kuh geboren hatte, denn während jeder Trächtigkeit gibt eine Kuh so viele Nährstoffe an das Kalb, dass ihr Hornwachstum etwas geringer ausfällt und eine Einkerbung entsteht, die rund um den Hornstamm läuft. Nachdem die Kuh es abgestoßen hatte, stand nur mehr der

Kernknochen am Kopf heraus, wo zuvor ihr Horn schützend darübergewachsen war. Tagelang lief sie dann mit dem von geronnenem Blut pelzig überzogenen Knochen umher, manchmal begann das Blut wieder zu fließen, wenn sie sich weiter mit ihren Konkurrentinnen herumstieß. Das im Gerinnen schnell schwarz werdende Blut tropfte so einer Kämpferin die Schläfen entlang Richtung Auge, und das konnte sehr lästig werden, wenn sich nämlich Insekten darum sammelten und der Kuh mit ihrem Summen und Brummen auf die Nerven gingen. Aber als Kind ihr helfen zu wollen, die Fliegen zu verscheuchen, war auch keine gute Idee. Das verstand die nervöse Kuh nur als zusätzliche Belästigung und reagierte mit einem unwilligen, heftigen Kopfschütteln und Ausweichen.

Später am Tag stellte sich dann eine schöne, fast glückliche Ruhe ein, wenn endlich fast alle Kühe, egal in welcher Position in der Herdenhierarchie, auf der Weide lagen und damit beschäftigt waren, das Gras batzenweise wieder hochzurülpsen, um es noch einmal zu kauen.

So lernte ich beim ersten Weidegang des Jahres voller Staunen und nicht nur an den abgestoßenen Hörnern, dass Kühe sowohl kräftig als auch verletzlich waren. Dass dieses Zuviel an frischem Frühlingsgras eine Gefahr darstellen sollte, von der man sie regelrecht wegprügeln musste, wollte man sie nicht mit dem geblähten Bauch einer Eiweißvergiftung und kurz vorm Erstickungstod mit schaumiger Gärung des Panseninhalts im Gras liegend finden, beeindruckte mich besonders. Dann konnte nur noch der schnellstmögliche Eingriff des Tierarztes sie noch retten. Der immer beruhigende und lösende Auftritt und Eingriff unseres Tierarztes begeisterte mich so sehr, dass ich zwölfjährig als zweite Fremdsprache Latein wählte und nicht Französisch. Denn für ein Veterinärmedizinstudium, so hieß es, würde ich das große Latinum brauchen.

Noch stand ich nur fasziniert daneben, wenn der Tierarzt, ein großer Mann mit grüner Gummischürze, sich an einer Kuh zu schaffen machte. Wenn er in eiternde Beulen schnitt, geronnenes Blut aus Hämatomen ausspülte oder einen Fremdkörper aus einem der vielen Mägen der Kuh holte, wenn er nähte und verband, Medizin verabreichte per Spritze und Tropf oder auch mit einer Flasche in den Schlund der Kuh gesteckt, wenn er ein falsch liegendes Kalb im Mutterleib drehte oder es, wenn es halb ertrunken geboren war, zusammen mit meinem Vater an den Beinen hochriss, ihm Salz in den Schlund steckte und mir befahl, schnell einen Eimer eiskaltes Wasser zu holen, mit dem das Kalb übergossen wurde, auf dass dieser Schock es ins Leben und zum Atmen brachte.

Manchmal war am Ende trotzdem ein Kalb tot. Die vorher noch besorgten, aber offenen, nicht selten sogar lachenden Gesichter der Erwachsenen verschlossen sich. Wortkarg zog man den toten Körper zur Seite, konnte jetzt nur noch den Abdecker anrufen, der das, was gerade noch ein Tier gewesen und jetzt ein Kadaver geworden war, später abholen würde. Natürlich war ein totes Tier immer auch ein materieller Verlust. Aber dass man es nicht geschafft hatte, ein Leben zu retten, wog in diesem Moment schwerer.

Hinter den Kühen hergehen war die Bewegungsform des Sommers. Zu ihnen auf die Weide spazieren – oder auch eilen –, allein oder mit einem Hund, Gatter öffnen, rufen, sich zu manchen einzeln hinbegeben, sie aufjagen, falls sie immer noch nicht aufgestanden waren, dann zur nächsten. Sie einsammeln für ihren Gang in den Stall zum Melken, im Blickfeld dabei Himmel und Weiden, darin die Zäune, Grabenränder und ihre Verläufe gekennzeichnet durch buschigen Bewuchs von dunklerem Grün, die Weide mit den Kühen, das von ihnen kurz abgefressene Gras und jene Stellen, an denen sie säuberlich um Disteln, Brennnesseln und Ampfer herumgefressen hatten. Im Gehen mit nackten oder bestiefelten Füßen vermied man die Dungscheiben, die sich aus dem Kuhmist am Boden geformt hatten, die frisch-grünen ebenso wie die, deren obere Haut bereits pappeartig oder schon ledrig getrocknet war. Manchmal hüpften Frösche durchs Gras von mir fort, es waren kleine braune Frösche, grüne habe ich lange gar nicht gekannt.

Und wenn es nicht regnete, summten Mücken und sangen Vögel. Auch Bremsen waren in der Luft, aber die gaben keinen Ton von sich, setzten sich nur still und tückisch um Augen und Nasen der Tiere, an den Hals, und mir auf die nackten Arme und in den Nacken, senkten ihren Saugrüssel ein und saugten. Warum merkte man es nur so spät? War es ihr Speichel, der brannte? Die Kühe trotteten vor mir den Weg zum Stall. Um sich von der Plage der Mücken, Fliegen und Bremsen zu befreien, wedelten sie mit den Ohren. Um diese Fähigkeit beneidete ich sie sehr! Sie wischten und schlugen die Schwanzquaste zum rechten, dann zum linken Hüftknochen hinauf, und immer so weiter, rechts, links, rechts, links, unaufhörlich. Die älteren taten es methodisch und gleichmäßig, die jüngeren in wütender Schnelligkeit, bis sie den Schwanz eine kleine Weile resigniert oder auch einfach nur müde hängen ließen. Manchmal hob eine Kuh ein Hinterbein und kratzte sich mit der hornigen Klaue fein am Gesicht, etwa im Augenwinkel oder am Hornansatz, sich währenddessen auf drei Beinen balancierend und wegen des nach vorne gehobenen Fußes auf dieser Seite ganz kurz machend, und mit auf der anderen Seite Bauch und Brustkorb nach außen gebeult, wo sie sich fast zu Boden senkten. Mehr als sonst war dann das Euter zu sehen, bei den jungen Tieren noch heimlich zwischen den Hinterbeinen versteckt, bei den älteren stark nach unten hängend, und so sah ich genau hin, wie es sich vom Bauch her dehnte und in Richtung Vulva zwischen den Hinterbeinen hochstreckte, manchmal stark behaart, dann wieder ganz nackt. Am Bauch schlängelten sich unter dem Fell fingerdicke Adern entlang, denen ich lange zutraute, mit Milch gefüllt zu sein. Das Euter war mit vier kurzen oder langen Zitzen besetzt, die wir Striche nannten und die mal weit auseinander, mal nah beieinander standen. Im Rhythmus der Kratzbewegung schaukelte das Euter ein wenig mit. Sobald die Kuh das Bein absetzte und wieder auf allen vieren stand, waren die Ansatzstellen des Euters wieder aus dem Blick verschwunden und es pendelte weiter sanft im wieder aufgenommenen Gangrhythmus des Tieres. Manchmal schüttelte die Kuh nach dieser erstaunlichen Gymnastik ein wenig den Kopf, bevor sie sich wieder in Bewegung setzte. Und manchmal tat sie, wenn sie eine der jüngeren war, dazu ein paar erstaunliche, geradezu kind- oder vielmehr kalbhafte Sprünge. Als könnten Kopfschütteln und Springen den Juckreiz an Auge oder Hornansatz besser bekämpfen. Ich vermutete aus eigener Erfahrung mit dem Kratzen von Insektenstichen, Flechten oder vom Stacheldraht aufgerissener Haut, die juckend heilte, dass das Kratzen über den Moment hinaus nur wenig oder gar nicht geholfen hatte. Umso mehr bewunderte ich das autonome Zucken der Haut, das man unter dem Fell beobachten konnte, schnelle, kräftige Wellen, mit denen sie Störungen zu beseitigen suchten. Und natürlich leckten sie sich, wo immer sie hinreichten mit biegsamem Hals und langer Zunge, hoben mal dieses, dann das andere Hinterbein, schoben und zogen Hintern und Rücken zum Kopf und den Kopf zu Hintern und Rücken. Manchmal leckten sie sich gegenseitig, aber das war weniger gezielt auf juckende Stellen gerichtet als auf eine soziale Nähe, mit der sich die Herdentiere vor allem ihre Gleichrangigkeit bestätigten. Nur selten kam es vor, dass eine rangniedrigere Kuh es wagte, eine ranghöhere zu lecken – bis zu dem Tag, an dem sie gnädigerweise nicht fortgejagt wurde, und dies war dann vielleicht der Tag ihrer Rangerhöhung. Aber beim morgendlichen oder abendlichen Gang zum Stall, mit schweren, vollen Eutern, blieben sie alle ohnehin selten stehen, was sie für das gegenseitige Lecken am Kopf oder Brustkorb – ihre bevorzugten Stellen, da sie selbst mit ihren Zungen nicht hinreichten – hätten tun müssen.

Die Trift war eine Welt für sich, und diese Welt war immer eine andere, je nachdem, ob es Morgen oder Abend war, spätes Frühjahr, hoher Sommer oder sich neigender Herbst. Als ich Kind war, wurden die Kühe im späten Frühjahr auf die Weide gelassen. Da waren die Wege noch matschig und weich, und unter den Birken und Erlen bzw. an den Grabenrändern, von denen sie gesäumt waren, wuchs zwar schon viel Kraut, aber erst im hellen Mai und dann im Sommer würde alles hoch wachsen, blühen und aussamen, an erster Stelle die Gräser – Rispen-, Zitter- und Knäuelgras, Fuchsschwanz und Quecke, darin dann auch Gundermann und Kleine Braunelle, ein bisschen Gewöhnlicher Natternkopf und nicht zu knapp Saat-Luzerne und Taubnesseln. Die Einzigen, deren Namen ich damals schon kannte, waren Brennnessel, Farn und Moos.

Aber es kam auch nicht darauf an. Das Leben bestand für mich aus den Sorgen eines Kindes, das die Sorgen der Erwachsenen aufmerksam wahrnahm, wie das so ist. Im Gehen und im Blick auf die gehenden Kühe, auf ihre Füße mit den delikaten Klauen, die aussahen, als ob sie auf Zehenspitzen oder Stöckelschuhen liefen, verwandelten sich Besorgnisse in Wahrnehmungen, in Gedanken, in Träume. Neben mir trottete der dreibeinige Hund Nicky, den es immer reizte, wenn eine Kuh stehen blieb. Er wusste, er sollte sie nicht beißen, aber er hatte große Lust dazu. Also tat er es manchmal, wurde von mir beschimpft, legte die Ohren an und wedelte verlegen mit dem Schwanz. Dann blieb er ein wenig hinter mir zurück, arbeitete sich wieder vor und probierte es bald noch einmal. Oder es sprang irgendwo ein Hase auf und er rannte hinterher, ohne jede Chance, ihn einzuholen. Den Verlust eines Hinterbeines, das eigentlich noch da, aber ohne Pfote war, verdankte Nicky einem Mähbalken, dem er zu nahe gekommen war. Wir Kinder mochten ihn, glaube ich, umso lieber. Später gab es andere Hunde auf dem Hof, aber ihr Verhältnis zu den Kühen war fast immer dasselbe, nämlich dass sie gerne nach ihnen schnappten, auch nach ihren neugierigen Nasen. Aber eigentlich war und blieb es ihnen wie ja auch uns streng verboten, die Kühe zu ängstigen.

Wieder einmal holte ich an einem späten Nachmittag die Kühe zum Melken von der Weide. Ich war an diesem Tag alleine zu Hause, warum es so war, weiß ich nicht mehr, vielleicht waren die Eltern mit beiden Geschwistern unterwegs zu einem Einkauf oder einem Besuch, aber alle würden zum Melken wieder da sein. Ich musste nur rechtzeitig losgehen, damit die Kühe im Stall stünden und das Melken gleich anfangen könnte. Natürlich hatte ich, bevor ich aufbrach, alle Balken und Drähte so vorgezogen und gespannt, dass die Kühe, wenn sie auf dem Hof ankamen, nur in den Stall gehen konnten.

Als ich an der Weide angekommen das Gatter öffnete, kam keine Kuh zum Ausgang getrottet, keine hatte es eilig, sich auf den Weg zu machen. Vielleicht war ich ein bisschen zu früh hier. Sie ließen sich fast alle einzeln holen und gingen höchstens los, wenn ich schon sehr nahe bei ihnen war. Manche hüpften sogar beim Losgehen ein bisschen übermütig, als wollten sie deutlich machen, wie viel Spaß es ihnen machte, mich diese Wege machen zu lassen. Auch Julchen, eine kurzbeinige, dunkle und ein wenig hängebäuchige Kuh, blieb stur am Rande der Weide stehen, so viel ich auch rief. Sie sah zwar zu mir her, rührte sich aber nicht, also musste ich mich zu ihr begeben – und sah erst spät, dass neben ihr ein neugeborenes Kalb lag. Sein schwarzes Fell klebte ihm nicht mehr am Körper, es war im Gegenteil gesträubt wie ein kleiner Pelz. Das habe ich auch später, als es schon eine Kuh war, immer in Zusammenhang mit dem Regen gebracht, der bei seiner Geburt gefallen war.

Julchen wollte jedenfalls nicht mitgehen, nicht mit der Herde und nicht mit mir. Was ich tun musste, war klar. Ich musste das Kalb irgendwie dazu bringen, auf eigenen Beinen vorauszugehen, denn tragen konnte ich es nicht, ein neugeborenes Kalb wiegt manchmal schon einen ganzen Zentner. Weil aber Rinder Nestflüchter sind und schon wenige Stunden nach der Geburt mit der Herde mitziehen können, funktionierte es. Ich brachte das Kalb zum Aufstehen und drängte es mit einer Mischung aus ständigem Ziehen und Schieben dazu, sich auf den Weg zu machen. Julchen trottete neben uns her. Erst als wir auf die Herde trafen, die sich am Ausgang der Weide zur Trift etwas staute, wurde es komplizierter. Eine der anderen Kühe fing nämlich an, mich vom Kalb wegzudrängen, als wollte sie es vor mir schützen. Dabei drängte sie auch Julchen von ihrem Kalb ab, die auf unserem gemeinsamen Gang bisher mit mir und dem Kalb eine einigermaßen gemütliche Einheit gebildet hatte. Dadurch wurde nun auch sie ein bisschen aufgeregt und versuchte, die andere Kuh wegzustoßen. Es entstand ein Handgemenge, vielmehr ein Horn-, Bein- und Bauchgemenge um das Kalb und mich herum. Für einen Moment trat ich beiseite, ließ die beiden Kühe sich um das Kalb gruppieren, eine dritte war noch hinzugekommen, alle waren jetzt ein bisschen aufgeregt. Nachdem weitere Kühe das Kalb ausführlich beschnuppert hatten, ging ich wieder in das Knäuel hinein, scheuchte mit Stock und kräftigen Klapsen die Kühe aus dem Weg – und auf den Weg nach Hause. Dann zog und schob ich das stolpernde Kalb hinter den Kühen her, ich auf der einen, Julchen auf der anderen Seite des Kalbes. Manchmal drehte sich eine der anderen Kühe zu uns um und muhte – vorwurfsvoll, wehmütig, lockend, ich weiß es nicht. Jedenfalls aber gingen wir immer weiter dem Hof entgegen, auch wenn sich auf dem langen Gang die eine oder andere aufgeregte Kuh noch einmal umdrehte, zurückkam und uns noch ein- oder zweimal umkreiste.

So kamen wir auf dem Hof an genau in dem Moment, in dem auch das Auto der Eltern vorfuhr. Sie freuten sich, als ich ihnen verkünden konnte, dass das Neue ein Kuhkalb war. Denn in jeder Milchherde, die man aus der eigenen Nachzucht regenerieren will, war das weibliche natürlich das beliebtere Geschlecht, vor allem von einer guten Milchgeberin, und das war Julchen.

Das Kalb wurde Jette genannt, es musste einen Namen mit dem Anfangsbuchstaben seiner Mutter haben. Julchen war die Tochter von Jolanthe gewesen, und Jettes Tochter sollte später Janne heißen.

So war die Reihe – Jolanthe, Julchen, Jette und Janne – und ging nach meiner Zeit auf dem Hof noch eine Weile weiter.

Es gab auf unserem Hof die Urkühe mit ihren Urnamen, Jolanthe gehörte dazu. War auch Goliathe schon dabei? Sie war eine sehr große Kuh, wie sich denken lässt. Von ihr stammten Gerda, Gesa, Gitte und Gisela, alle waren sehr helle Kühe – und alle gehörten sie meiner Schwester. Wir Kinder teilten nämlich die gesamte Herde unter uns auf und erklärten fiktive Eigentümerschaften. Was die eigentlich bedeuteten, weiß ich nicht mehr. Vielleicht bekam die fiktive Besitzerin dann die eine Mark sogenanntes Schwanzgeld, wenn ein Bullenkalb – das übrigens ohne Namen blieb – verkauft wurde und nach einer oder zwei Wochen den Hof verließ. Oder wir durften jeweils den Namen des neugeborenen Kuhkalbes bestimmen. Jedenfalls war es eine zusätzliche Einübung in die besondere Beziehung zu den Tieren des Hofes. Meine Abstammungslinie waren vor allem die Kühe mit dem Anfangsbuchstaben B. Die Urkuh hieß Beate, ihr folgten Bella, Bianca und Biene. Bei manchen Kühen fällt mir nur noch ein einzelner Tochternamen ein. Es gab Hanna und Henny, es gab Maxi, die Zwillinge bekam, Mia und Ria. Wie hießen die Töchter von Linda und Wilma, wie die von Dora, Thea und Queke? Ich weiß es nicht mehr. Aber es waren diese Kühe, die die Herde ausmachten. Und ich erinnere mich an einige ihrer Geschichten. Da war z. B. Julchen, die einmal ein Stück Stacheldraht geschluckt hatte, das ihr vom Tierarzt herausoperiert wurde. Die Narbe am Bauch, an deren Wulst das Fell immer einen kleinen Kamm aufstellte, wurde von uns ihr Reißverschluss genannt. Die arme Linda, eine ewig magere, knochige Kuh, hatte sich einen bösen Bluterguss am Hintern zugezogen, eine Beule, die mächtig anschwoll. Wir tippten darauf, dass sie von einer ranghöheren Kuh irgendwo gegengestoßen worden war. Jedenfalls musste auch hier der Tierarzt zurate gezogen werden. Er öffnete die Beule, ließ den Eiter abfließen und drückte mir eine Gerätschaft in die Hand, die aussah wie ein Messbecher mit Schlauch und Einlaufstab. In den Becher kam warmes Wasser, in das ich ein Pulver rührte, dann spülte ich wochenlang die große Wunde mit dem Stab aus, eine stinkende Angelegenheit.

Wir alle wussten von der besonderen Freundschaft zwischen Bella und Julchen. Sie waren beide eher kleine Kühe, ziemlich rund, die eine hell, die andere dunkel, und es war immer ein Drama, wenn eine von ihnen trockengestellt und aus der Herde der melkenden Kühe für sechs Wochen herausgenommen wurde. Falls die täglich zum Melken getriebene Herde an der Weide mit den trockenstehenden Kühen vorbeikam, lief die eine von jenseits zum Zaun und die andere blieb diesseits so lange ihr gegenüber stehen, bis sie weitergetrieben wurde. Großes Muhen hin und her. Und große Freude herrschte, wenn sie wieder in einer Herde vereint waren, sie gingen dann erst recht nebeneinander her, und die eine legte sich in die Nähe der anderen. Übrigens kann jeder alte Bauer und jede alte Bäuerin Geschichten über Tierfreundschaften erzählen, auch über die Arten hinweg. Manchmal waren Hund und Katze oder auch Hund und Pferd die Protagonisten, und durch Bella und Julchen weiß ich, dass diese Erzählungen vollkommen glaubwürdig sind – auch wenn sie vielleicht nicht immer stimmen.

An dem Tag, an dem das Kalb geboren wurde, war unser aller Zugehörigkeit bestärkt worden. Die uns aufgeregt umkreisenden Kühe hatten das Kalb in die Herde geholt, Julchens Anfangsbuchstabe seinen Namen bestimmt – und ich hatte sie nach Hause gebracht.

7 RINDERHERDEN IN DER SAHARA UND DIE ERSTE MELKERIN

IN DIE SAHARA ZU DEN 10.000 Jahre alten Felsbildern der Rinder und ihrer Hirten und Hirtinnen würde ich gerne auf der Stelle reisen, in die Täler und auf die Berge der größten Wüste der Welt, nach Marokko, Algerien und Libyen, Niger und Tschad. Zu ihnen würde ich aufbrechen und mich von Einheimischen und Wissenschaftlern zu diesen Wundern mitnehmen lassen, wäre das Reisen in diesen Ländern und Zeiten ein wenig einfacher. Immerhin kann ich mir Zeugnisse der nordafrikanischen Frühgeschichte auf Fotografien in Bildbänden und auf den Webseiten von Forschungsinstituten ansehen und mich kundig machen über ihre Einordnung.

Vor etwa 10.000 v. d. Z. hat die erfolgreiche Domestizierung der Rinder gleichzeitig in vier Weltgegenden stattgefunden, darin sind sich verschiedene Wissenschaften einig, in China, im Fruchtbaren Halbmond, im oberen Industal und eben in Nordafrika. Erfolgreich war die Domestizierung, wenn sie dauerhaft war und sich von einer Kernregion aus verbreiten konnte. Durch die Analyse von Knochen- und Scherbenfunden weiß man, dass Hausrinder verschiedener Rassen sich von Pakistan und China über Asien verbreiteten und von Mesopotamien aus nach Europa kamen. Das nordafrikanische Hausrind ist vom Gebiet der heutigen Sahara aus in ganz Afrika heimisch geworden. Von diesen Schlüsselregionen sind Menschen mit ihren Viehherden gewandert, haben Tiere getauscht und mit ihnen gehandelt. Die Ankunft der Rinder auf den übrigen Kontinenten, Australien und den beiden Amerikas, fand erst durch die europäischen Kolonisatoren Ende des 15. Jahrhunderts statt.

Die Sahara als Ort der Rinderdomestizierung hat mich von allen historischen Regionen der Domestizierung am meisten überrascht – weil sie heute Wüste ist, aber nicht immer war. Die große Klimaveränderung, das Ende der Eiszeit, der Rückzug der Gletscher und die Erwärmung der nördlichen Region, ist für die Frühgeschichte Europas grundlegend. Ebenso hat dieser Prozess auch in Nordafrika Folgen gezeitigt. In einem Aufsatz des Archäologen und Saharaforschers Baldur Gabriel über den Klima- und Landschaftswandel in der Sahara werden die Methoden der Erforschung und ihre Ergebnisse dargestellt. 10.000 bis 5.000 v. d. Z. gab es eine als Feuchtzeit bezeichnete Periode in der Sahara. Erst seit etwa 3.000 Jahren herrschen jene hohen Temperaturen und extremen Trockenheiten, die heute keine Rinderherden mehr in der Wüstenlandschaft Nordafrikas zulassen würden. Auch die Wildtiere, Giraffen, Elefanten, Nashörner und sogar Krokodile, die auf den Felsbildern der Sahara auftauchen, könnten dort jetzt nicht mehr leben. Aber zwischen dem 10. und 5. Jahrtausend v. d. Z. erstreckten sich über die 5.000 Kilometer der Sahara noch ausgedehnte Grasflächen, Seen und Flüsse und es gab auf ihren neun Millionen Quadratkilometern regelmäßigen und ausdauernden Regen. Aus dem Grundwasser, das sich damals in tief gelegenen Gesteinsschichten sammelte, speisen sich die Oasen von heute. Erst durch das Ausbleiben der Niederschläge und die zunehmende Austrocknung der Saharaseen etwa 4.500 Jahre v. d. Z. verschwanden die Grasflächen – und damit die Steppentiere – und die Rinderherden. Ihre Hirten zogen mit ihnen südwärts, und die nomadischen Rinderzüchter der Sahelzone von heute, etwa die Völker der Dinka und Nuer, wird man wohl als ihre Nachfahren betrachten können.

Während dieser vielen Jahrtausende zuvor jedoch zogen die Sahara-Bewohner mit ihren Herden der Vegetation hinterher, dorthin, wo es saisonal gerade grünte. Auf die Wände überhängender Felsen zeichneten und malten sie Alltagsszenen der Jagd und der Wanderung mit ihren Herden. Das Rind war 4.000 Jahre lang das vorherrschende Motiv ihrer Kunst, weshalb diese Zeit auch die Rinderzeit genannt wird.

Als ich bei meinen Recherchen das erste Mal auf die Felsbilder der Sahara stieß, war ich wie elektrisiert – nicht nur von den Tierdarstellungen. Als sensationell empfand ich auch, dass die Menschen sich hier selbst dargestellt hatten, und zwar gemeinsam mit ihren Rindern, die sie nicht jagten, sondern mit denen sie ganz offensichtlich zusammenlebten.

In der Rinderperiode wurden über Jahrtausende immer wieder Figuren auf dieselben Wände eingekerbt, geschnitten und gemalt. Daneben oder unterhalb von ihnen finden sich auch Darstellungen des schon zur Zeit der nomadischen Rinderhirten längst ausgestorbenen Urrindes, des riesigen Bubalus, der aus der sogenannten Jäger- oder auch Bubalusperiode der Sahara stammt; der Beginn der Bubaluszeit wird auf das 9. Jahrtausend v. d. Z. datiert. Und selbst aus dieser Zeit finden sich schon Menschendarstellungen. In den mehreren Jahrtausenden, die zwischen diesen Felsbildern und den Höhlenmalereien Südfrankreichs und Nordspaniens liegen – Letztere werden auf die Zeit zwischen dem 37. und 12. Jahrtausend v. d. Z. taxiert –, haben die Menschen einen ungeheuren Schritt in Richtung eines Bewusstseins über sich selbst gemacht, und in den Felsbildern der Sahara sind Zeugnisse aus allen Perioden vorgeschichtlicher Besiedelung und Menschheitsentwicklung zu finden. Man vermutet, dass eine gründliche Suche – durch Kriege und Bürgerkriege in Nordafrika seit Jahrzehnten fast unmöglich – auch heute noch viele neue Funde ans Licht bringen würde. So oder so sind die bisher registrierten, fast lebensgroßen rennenden Giraffen, Elefanten und Nashörner, die aufgeregt mit den Schwänzen peitschen, die mit Jägern und ohne sie dargestellt sind, die Eidechsen und Raubkatzen, Krokodile, Nilpferde und Strauße von atemberaubender Lebendigkeit. Die variantenreichen Fellmuster, wie bei den Giraffen etwa, sind durch über Kreuz laufende Linien – mal Wülste, mal Gruben – im Stein markiert. Die meisten Tiere werden im Profil gezeigt, manchmal wenden sie uns aber auch ihre Köpfe zu. Dargestellt sind sie und die Menschen ihrer Zeit in ihrem Alltag, aber auch als Mischwesen mit Masken oder Tierköpfen, was von Wissenschaftlern als Hinweis auf Mythen, religiöse Bräuche und Rituale gelesen wird – und es gibt auch hier wieder die abstrakten Formen, Kreuze, Kreise und Rechtecke, sogar Spiralen oder spinnennetzartige Gebilde wie schon im Repertoire der Cro-Magnon-Menschen im südlichen Europa Tausende Jahre zuvor.

Irgendwann in dieser Zeit, in der Menschen zunächst von großen Tieren gejagt wurden und dann anfingen, den Spieß umzudrehen und sie zu jagen, hat die Domestizierung des Rindes begonnen. Die ersten Knochenreste eines Hausrindes wurden im Südwesten Libyens gefunden, ein vollständiges Skelett dieser Art im Norden von Niger, beides datiert auf eine Zeit vor knapp 6.000 Jahren. Allerdings fällt es schwer, das domestizierte Rind der Sahara ein Hausrind zu nennen, denn anders als in Catal Hüyük gab es hier keine Häuser. Die Menschen lebten in zeltartigen, transportablen Unterschlüpfen und folgten ihren Herden, die je nach Jahreszeit von einer Vegetationszone zur nächsten zogen.

An den Felsbildern der Sahara ist nicht nur die Schönheit der Tiere sensationell, sondern auch die Darstellung der Nähe der Menschen zu den Rindern – samt dem Bild der daraus entstehenden oder doch mit ihnen zusammenhängenden Gesellschaften. Sie begegnen uns in großartiger Gestaltungsvielfalt in bis dahin nie gesehenen Menschengruppen. Sie wandern mit ihren Rindern, lassen Packen von ihnen tragen und reiten sogar auf ihnen. Sie lassen sich in ihrer Nähe nieder, bauen ihre Zelte oder Hütten auf, sitzen in Gruppen am Boden, manche kochen und essen miteinander, rauchen, trinken und reden. Es gibt in diesen Felszeichnungen spielende Kinder, jagende Männer und miteinander sprechende Frauen, einmal sieht man eine Reihe saufender Rinder an einem Fluss oder See.

Die Szene, die mich am meisten fasziniert, ist ein Bild vom Melken. Es sind die in den Fels hineingeschnittenen oder geschliffenen Umrisse einer Person – ich sehe in ihr eine Frau –, die seitlich neben einer Kuh sitzt und sie melkt. Fundort ist Messak im Wadi Mathendous im südwestlichen Libyen gelegen, das Alter mindestens 2.500 Jahre v. d. Z., möglicherweise noch einige Tausend Jahre älter. Der Kopf der Melkenden ist großzügig verhüllt – vielleicht gegen Sandstürme, aber womöglich auch gegen den hin- und herschlagenden Kuhschwanz, der ja auch beim Misten und Pinkeln der Kuh weiterpendelt und manchmal die entsprechenden Ladungen mit sich führt. Die Melkerin hockt neben dem deutlich erkennbaren Euter, die Kuh steht unangebunden inmitten anderer, stehender und liegender Kühe. Oberhalb der melkenden Person und der gemolkenen Kuh sind auf den Fels Bilder von runden Gefäßen graviert, die an Stricken oder Seilen von Bäumen oder in die Erde gesteckten Pfosten herabzuhängen scheinen. Dies sind offenbar nicht nur Töpfe, in die hinein die frische Milch gemolken wurde, sondern Gefäße, in denen die Milch zur Joghurt- oder Käsegewinnung gelagert, vielleicht zur Säuerung oder Fermentierung in Bäume gehängt wurde, weit entfernt vom Boden, seinen Insekten und Kriechtieren. Diese Kuh, wie sie da ruhig und inmitten der Kuhherde steht, womöglich sogar gemächlich wiederkäut, und ihre Melkerin, die da so eng bei ihr hockt und sie melkt, ist für mich ein frühes Bild einer sehr besonderen Beziehung, einer Art von Zusammenarbeit zwischen Rind und Mensch.

8 UNSER VIEH UND DIE UNGEDULD DER NEUEN ZEIT

VON DEN RINDERHERDEN DER SAHARA ahnten wir Kinder in der norddeutschen Tiefebene nichts, wenn wir uns im Hochsommer nach Schule und Mittagessen aufs Fahrrad setzten und zum Jungvieh ins Moor radelten. Es war die müde Zeit des Tages und keiner drängte sich danach. Aber wenn es mich getroffen hatte und wenn Hof und Dorf dann langsam hinter mir verschwanden, trat ich nur noch trödelig in die Pedale und ließ mich gemächlich von den schmalen Straßen und Wegen durch das Nachbardorf hindurch zu den Moorweiden führen. Die lagen für das tägliche Treiben von Milchkühen viel zu weit entfernt, weshalb auf ihnen Jahr für Jahr das Jungvieh graste.

Bei ihrer Geburt sind Rinder so groß und schwer wie wir Menschen mit etwa acht Jahren. Sie wachsen schnell und bringen zeitlebens entschieden mehr Masse, ungefähr acht Mal so viel auf die Waage wie wir. Als Kind mochte ich besonders gerne die Kälber mit viel Schwarz im Fell, besonders am Kopf, und war still entzückt über ihre Stirnlocken, manchmal auch über eine herzförmige, weiße Färbung im Gesicht. In jedem Fall waren sie durch ihre Zeichnung von klein auf unterscheidbar.

Die Bullenkälber wurden bei uns früh zur Mast verkauft. Die Zeit, dass sie kastriert und als Gespanntiere benutzt wurden, war lange vorbei, es gab ja schon kaum mehr Pferde vor Wagen und

Pflügen. Die Kuhkälber bekamen Namen und wuchsen heran – zu großen Kälbern, zu Jungvieh, zu Kühen. So kannten wir unsere Kühe von Kindes- oder Kalbesbeinen an, auch ihre unterschiedlichen Charaktere. Ängstliche Kälber wurden zu ängstlichen Kühen, freche Kälber zu frechen Kühen. Dazwischen lagen für sie jene zwei Sommer, die sie als Jungvieh, also Halb- bis Zweijährige, fern vom Hof auf Weiden zubrachten, zu denen meine Geschwister und ich dann fahren mussten, um sie zu kontrollieren. Das hieß, zu prüfen, ob alle Tiere noch da und ob sie gesund sind. Bleibt eines liegen, wenn man zu ihnen geht, während alle anderen angelaufen kommen? Steht eines alleine? Lahmt eines? Wie sehen die kleinen Euter aus? Gibt es Schwellungen und wodurch? Ist es ein Insektenstich, ist er harmlos oder gefährdet er das Euter? Muss man vielleicht den Tierarzt holen? Ist der Zaun noch in Ordnung, haben die Tiere genug Wasser im Bottich? Und als es später Selbsttränken gab, ging es darum, ob sie funktionierten und ob genug gutes, d. h. nicht stehendes oder fauliges Wasser in den Gräben als Tränke vorhanden war.

Es führten weite Wege tief hinein ins Moor. Zuerst fuhr man noch auf der Betonstraße unseres Dorfes, dann übers Kopfsteinpflaster des Nachbardorfs mit seinem parallel laufenden Sommerweg – eine Verbreiterung ohne Steinbelag, die im Winter selten zu befahren war, dann noch ein paar Kilometer auf einem unbefestigten Weg, an dem keine Höfe mehr standen, einsam führte er durch Felder und Äcker. Manchmal waren einzelne, gebückte Frauen zu sehen, die in langen Rüben- oder Kartoffelreihen das Unkraut hackten. Unsere Wegmarken waren die Bäume, mal eine alte Birke an einem Roggenfeld oder eine schief gewachsene Eberesche an der Auffahrt zum benachbarten Kartoffelacker.

Wenn ich endlich angekommen war, traf ich sie im hinteren Teil des Geländes auf den Weiden wieder, die scheuen und die frechen Kälber, die in der Einsamkeit des Moores zu Jungvieh heranwuchsen – und schon wieder größer geworden waren, von Mal zu Mal an Körpermasse zugelegt hatten und deren Hörner wieder länger aus den Haarwirbeln neben den Stirnen herausstachen. Sie schwenkten oft übermütig ihre Köpfe, als wüssten sie, dass sie jetzt Waffen trugen, und stießen sich untereinander spielerisch und manchmal auch ernst in die Seiten oder Schenkel. Körperlich und im Verhalten ähnelten sie durchaus Teenagern, reiften von einer Noch-Kindheit zum Schon-Erwachsensein, aus zuerst eckiger werdenden Gliedern und Bewegungen wuchsen dann rundlichere, weiblichere Formen, denn bald waren sie besamt und zu tragenden Färsen geworden, deren Körper sich erst langsam und dann doch überraschend schnell ausfüllten zu Körpern junger Sterken, die bald das erste Mal kalben würden.

Wenn ich die Weide betrat, um sie zu zählen, stürmte die Herde meistens zu mir her und blieb direkt vor mir stehen. Die Tiere reckten die Köpfe, taten ein paar Schritte, wollten berührt werden, und scheuten doch vor Berührung zurück. Im Zugang zum Menschen, dem sozusagen ranghöchsten Tier, herrschte die auf der Weide ausgekämpfte Hierarchie, und wer sich ungebührlich vorwagte, wurde von einem ranghöheren Tier weggestoßen. So gab es ein Drängen und Scheuen und Schubsen um mich herum, in dem ich, ihnen ausweichend und sie wegscheuchend, zum Wasser ging.

An einem heißen, windstillen Sommertag war der Betonbottich manchmal fast leer – oder der Wasserspiegel in ihm so tief gesunken, dass die Tiere über den Bottichrand nach unten nicht mehr an das Wasser heranreichten. Sie waren durstig und wussten aus Erfahrung, dass gleich wieder Wasser da sein würde. Also packte ich den Schwengel der Pumpe und fing an zu pumpen, manchmal mit einer alten Konservendose Wasser aus dem Graben schöpfend und in den Hohlkörper der Pumpe gießend, damit überhaupt Wasser nach oben kam. Das Jungvieh wurde vom Grabenwasser durch den Zaun ferngehalten, denn bei langen Trockenperioden wurde es auch mal faulig und beherbergte Parasiten, die sich in den Organen der Tiere festsetzen und ihnen schaden konnten.

Sobald der Wasserspiegel hoch genug war und die Tiere wieder heranreichten, senkten die ersten ihre Mäuler ins Wasser und begannen, in langen Zügen zu trinken. Und wenn sie sich satt getrunken hatten, gaben sie trotzdem ihren Platz an der Tränke nicht gleich auf. Wie streitlustige Jugendliche, die den Radius ihrer Verfügungsgewalt so lange wie möglich auskosten, blockierten sie eine Weile den Zugang der anderen zum Wasser, und auf dem Rückweg, wenn sie sich dann endlich trollten, stießen sie ein rangniederes Tier kräftig in die Seite. Sie davon abzuhalten, worum ich mich als Kind und Jugendliche herzlich bemühte, war natürlich völlig sinnlos und das wusste ich auch. Dennoch konnte ich es nicht lassen, ebenso wenig wie sie das Stoßen lassen konnten.

Nach dem Pumpen umwarb ich die Tiere mit einem Rubbeln zwischen Stirn und Horn, Klopfen von Hals und Schenkeln und einem kräftigen Reiben am Schwanzansatz, prüfte mit Blick und schnellem, aber nicht hektischem Griff zwischen ihre Hinterbeine die Beschaffenheit der kleinen Euter, die sich zu bilden begannen. Die Euter sollten sich gleichmäßig vergrößern und kein Viertel sich verhärten, was durch Insektenstiche geschehen und das Euter des Tieres verderben konnte.

Weil die Berührung freundlich war, ließen die Sterken es abwartend und mit gesenktem Kopf geschehen, auch wenn mir dieser Griff immer ein wenig anmaßend vorkam. Ich glaube, es war in dieser Zeit, als mir klar wurde, dass alle landwirtschaftliche Erzeugung auf dem weiblichen Fruchttragen beruhte – bei Pflanzen wie bei Tieren.

Es gab auch Tage voller Regen und Wind, an denen – vor der Handpumpenzeit – die blechernen Flügel der kleinen Windmühle angebunden werden mussten, deren Drehung das Wasser aus dem Brunnen hochholte. Denn der kräftige Wind drehte und drehte sie immer weiter, trieb die Pumpe an und würde den Bottich stundenlang überfließen lassen, woraufhin ein tiefer Matsch um die Tränke herum entstehen würde, in den die Tiere tief einsänken.

Was für eine schöne Erleichterung am Ende die Selbsttränken doch waren. Sie beinhalteten diverse Filter gegen das Getier in den Gräben, und die Rinder konnten mit ihren großen Flotzmäulern den Pumpmechanismus bei der Suche nach Wasser selbst anschieben. Wie schnell das Vieh dann lernte, wie schnell wir alle lernen, wenn zur Belohnung der Hunger gestillt und der Durst gelöscht wird.

Manchmal fuhren wir Geschwister auf Trecker und Wagen mit unserem Vater zum Jungvieh, wenn es nämlich umgeweidet werden musste, weil nicht mehr genug Gras auf der Weide stand. Mit Drahtstücken und versetzbaren Weidepfählen gingen wir den Weg ab, den sie getrieben werden mussten, blockierten mit Draht, an dem ein Stück Tuch oder ein geknotetes Grasbüschel hing, den Eingang zu Rüben- und Getreideäckern der Nachbarn, damit die Tiere im Rausch des Laufens nicht bei ihnen einfielen und die Saaten oder wachsenden Feldfrüchte beschädigten – und auch, damit wir nicht ständig hinter ihnen herjagen und sie wieder einfangen mussten. Natürlich passierte es trotzdem und ich erinnere mich gut an das Rennen mit einer flüchtigen Sterke und daran, wie es war, ihr den Weg abzuschneiden oder sie zu überholen, sie in die Enge zu treiben, sodass ihr nur der Ausweg blieb, den sie nehmen sollte, nämlich mit den anderen zur neuen Weide zu laufen. Immer wieder überraschten mich ihre Sprünge über Gräben hinweg und durch Zäune hindurch, mit denen ich nicht gerechnet hatte, sowie dieses Sichumdrehen auf engstem Raum, das sie oft noch bis ins hohe Alter beherrschten.

Man lernte sie kennen. Und auch sich selbst. Mit den Hütestöcken aus Frustration zu schlagen war verständlich, aber vollkommen sinnlos, sie als Drohung einzusetzen in Ordnung. Da herrschte dann ein Fuchteln und Rufen und Rennen, was aber auch schnell wieder vorbei war, denn bald bogen die Tiere in die neue Weide mit frischem Gras, auf das sie sich stürzten. Die Zäune um die Weide herum waren zuvor kontrolliert worden, die in der alten Weide abgebaute Tränke wurde eingerichtet und man fuhr zurück auf den Hof.

Nur wenn man die Herde über wirklich vom allgemeinen Verkehr befahrene Straßen führen oder mit ihr sogar eine Bundesstraße kreuzen musste, zog sich das Treiben hin. Dann lief jemand der Herde voraus, um die Tiere zu bremsen und ein wenig so zu führen, dass keine sich allzu lang hinziehende Reihe entstand, die womöglich den Verkehr über Gebühr aufhielt. Wenn eine immer länger werdende Schlange von Autos im Schritttempo hinter uns herfuhr, spürten wir im Nacken die Ungeduld der Fahrer und erlebten unser Vieh und unsere Arbeit mit ihm als Störung im Ablauf der sich beschleunigenden Zeit.

9 KUHGÖTTINNEN, GILGAMESCH UND HORNLOSE KÜHE

EIN ANDERES BILD bzw. eine Bilderfolge vom Melken entdeckte ich nur, weil ich in einem leeren Raum des Pergamonmuseums in Berlin zur Zimmerdecke hochsah. Dort oben an der Längsseite des Raumes zog sich diese Darstellung des Melkens entlang, ohne irgendeinen Hinweis, worum es sich handelte. Nirgends eine Tafel mit einem erklärenden Text. Anscheinend waren wegen der jahrelangen Renovierungsarbeiten alle Ausstellungsstücke und Informationen entfernt worden. So ging ich ohne Erklärung nach Hause.

Aber einige Monate später fand ich die Bilderfolge wieder, in einem Buch über die sumerische Kultur. Der Fries stammt vom Fundort Tell al Obed im heutigen Irak, ein wenig nördlich des Fundorts der Stadt Uruk, aus der Zeit des sechsten bis 4. Jahrtausends v. d. Z. Ursprünglich war das Relief an der Fassade eines Tempels für die sumerische Göttin Ninhursanga angebracht, eine der großen Ursprungs- und Muttergöttinnen des Nahen Ostens. Tausende von Jahren wurde sie unter verschiedenen Namen als Göttin der Fruchtbarkeit verehrt.

Der Fries der sumerischen Melkerei, wie ich ihn nennen möchte, ist in Weiß und Dunkelblau gehalten, Untergrund und Rahmen sind farbig, die nur leicht erhabenen Figuren sind weiß. Sechs Personen sind dargestellt, dazu vier Kälber und zwei Kühe. Zwei Personen, unklar ob Männer oder Frauen, sitzen hinter den beiden Kühen und melken sie mit einem Griff zum Euter zwischen den Hinterbeinen hindurch. Dabei sind die Schwänze der beiden Kühe sorgfältig über die Köpfe der Melkenden hinweg auf den Rücken gelegt – ein Detail, das mich lächeln lässt, weil ich mich erinnere, wie schmutzig die Sache werden kann, wenn einem die Schwanzquaste um die Ohren geschlagen wird. Vor den Kühen stehen jeweils ihre Kälber mit hoch erhobenen Köpfen, als würden sie um die Milch bitten, die aber gerade von den Menschen abgezapft wird. Zwei weitere Kälber sind nur mit Kopf und halbem Körper zu sehen, dargestellt auf zwei zentral angeordneten, miteinander verbundenen Platten, sie könnten Stalltüren andeuten. Vielleicht weist es darauf hin, dass die Kälberställe mit den blökenden Kälbern immer in der Nähe waren, um die Kühe zum »Runterlassen« der Milch zu animieren.

Während rechts im Relief also gemolken wird, findet auf der linken Seite schon die Milchverarbeitung statt. Zwei Männer sind mit großen Gefäßen befasst, der eine scheint seines gerade noch zu waschen, ein dritter Mann gießt die Milch in ein großes Sieb, das von einem vierten gehalten wird. Klar ist, hier geht es nicht mehr um eine einzelne Melkerin in der Wüste, sondern schon um eine gut organisierte Milchproduktion – und, so kann man vermuten, sicher auch um Verarbeitung und Verteilung dieses ganz offenbar als wertvoll erachteten Gutes.

Mit der sumerischen Göttin Ninhursanga und dem ihr gewidmeten Tempel befinden wir uns jetzt, viele Jahrtausende vor dem Beginn unserer Zeitrechnung, schon in Raum und Zeit einer hierarchisch gegliederten, städtischen Hochkultur. Die saharischen Hirtenvölker sind zu diesem Zeitpunkt vielleicht schon Vergangenheit, oder sie leben, wandern und melken nach der Erwärmung des Saharaklimas inzwischen entschieden südlicher, nämlich in der Sahelzone. Die Datierung ihrer Felsbilder ist bis heute schwierig, auch weil keine Schrift sie begleitet und sie auf einer Felswand den vernichtenden Sandwinden einer über Jahrtausende zur Wüste werdenden Sahara ausgesetzt waren.

Der sumerische Melkerfries und sein Bezug zur mächtigsten Göttin der Zeit legen jedenfalls nahe, dass die Melkenden und alles, was mit der Milchverarbeitung zusammenhing, keine Nebensächlichkeit waren. Vielmehr wurde die Kuhmilch als Teil einer lebensspendenden Fruchtbarkeit gesehen und verehrt. Die Bevölkerung und ihre Priester und Priesterinnen, die kulturtragenden Schichten der Stadt, erkannten in den landwirtschaftlichen Produkten des Landes noch die Grundlage ihres städtischen und religiösen Lebens.

Die Sumerer, so lerne ich, gelten als das wichtigste Vorläufervolk der Babylonier und sie waren es, die nicht nur Ackerbau und Viehzucht entwickelten, sondern auch die Keilschrift und Systeme der Entwässerung, die aus alljährlich überschwemmten Gebieten fruchtbare Felder machten. Indem das alles zusammenkam, wurde die Existenz einer großen, von der landwirtschaftlichen Arbeit freigestellten Bevölkerung möglich. So haben hier, scheint es, in der fruchtbaren Ebene zwischen Euphrat und Tigris erstmals Viehzucht und Sesshaftigkeit zusammengefunden. Das domestizierte Rind nahm darin ganz offensichtlich eine herausgehobene Position ein. Ebenso war es in der ägyptischen Hochkultur, die sich nahezu zeitgleich am Nil entwickelte. Dort hatte vor allem die Ursprungserzählung noch viel deutlicher mit Kühen zu tun. Anfangs war es die Himmelskuh Ihet, die zu Neith wird und den Sonnengott Ra zur Welt bringt. Über Tausende von Jahren erstreckt sich ihre Verehrung, es verändern sich dabei Namen, Erzählungen und Schreibweisen. Bald wird sie Nut genannt, die den Sonnengott Ra auf ihrem Rücken trägt und in den Himmel hebt. Dabei hilft ihr der Luftgott Shu, der ihren Bauch von unten stützt, und am Bauch der Nut werden die Sterne durch Ra befestigt. Deshalb erglänzten die Sterne der Ägypter in ihrer Vorstellung am Bauch einer Himmelskuh, die sich über ihnen wölbte. In einer anderen Erzählung verschluckte die Himmelskuh jeden Abend den Sonnengott Ra und gebar ihn jeden Morgen neu, war also für Sonnenauf- und -untergang verantwortlich. Auch Hathor wurde als Kuh gedacht, eine Göttin der Schwangerschaft und der Mütterlichkeit. Sie wird im Laufe von 1.000 Jahren zunehmend mit der Fruchtbarkeitsgöttin Isis identifiziert. Gemeinsam mit ihrem Mann Osiris, den Isis nach seiner Ermordung durch den Bruder wieder zum Leben erweckte, galt das Paar als Beschützer der Toten, man könnte auch sagen, der überwinternden Saaten, die im Frühling wieder zum Leben erwachten. Die Darstellungen der großen ägyptischen Göttinnen auf Stein und Papyrus, die in den Museen von Paris, London und Berlin zu finden sind, zeigen sie in Menschengestalt mit Hörnern auf dem Kopf – und zwischen den Hörnern leuchtet die Sonnenscheibe. Aus derselben Zeit stammen die wunderbarsten Darstellungen aus dem Alltag der gemeinsamen Arbeit von Menschen und Rindern, dem Pflügen und Dreschen etwa, gemalt an die Wände der Grabkammern von Pharaonen und ihren Frauen. Und da sehen wir auch Kühe, die gemolken werden, etwa die weinende Kuh aus der Zeit um etwa 2.000 Jahre v. d. Z., deren Kalb angebunden an ihrem Vorderbein steht, während ihr pralles Euter von einem Mann gemolken wird.

In der sumerischen Ursprungserzählung stoße ich, ähnlich wie in den Felsbildern der Sahara, auf das gemeinsame Leben von Rindern und Menschen. Aber hier sind Götter und Göttinnen mit ihm Spiel – und neben den Bildern existiert schon die Schrift. Endlich lese ich eines der ersten literarischen Zeugnisse der Menschheit, das Gilgamesch-Epos.

Die Geschichte der Freundschaft zwischen Gilgamesch und Enkidu ist auf elf Tontafeln in Keilschrift überliefert und bis heute nur unvollständig rekonstruiert. Aber diese Bruchstücke erzählen einen wohl um 5.000 Jahre v. d. Z. entstandenen Mythos. Es geht in ihm, so lerne ich, um das Menschsein, genauer gesagt, um einen weiteren

Schritt auf dem langen Weg der Menschen zu einem Bewusstsein von sich selbst, ihrer Verantwortung und der eigenen Sterblichkeit.

Und wieder sind die Rinder dabei. Enkidu wurde geschaffen von der Göttin Aruru, ein anderer Name der Ninhursanga, der Herrscherin der Steppe, zuständig für die wilden und die gezähmten Tiere. Die Frauen von Uruk baten sie um einen Gegner für ihren König Gilgamesch, denn der praktizierte das Jus primae noctis, das Recht auf die erste Nacht mit jeder Braut. So nahm die Göttin einen Klumpen Ton, heißt es, warf ihn in die Steppe und daraus entstand Enkidu, ein Mensch, der weder ganz Mensch noch ganz Tier war, weder vollkommen wild, aber eben noch nicht gezähmt. Die Geschichte Enkidus, der ein Fell hat und mit wilden Herden durch die Steppe läuft und Gras frisst, ist die Geschichte einer Domestizierung des Menschen. Eine der Tempeldienerinnen der Aruru verführt Enkidu zu tagelangem Sex, danach erkennen die wilden Tiere ihn nicht mehr und fliehen vor ihm. So wird, was wir mit den Tieren teilen, für Enkidu das Einfallstor zum Menschsein. Er verliert sein Fell, die Tempeldienerin kleidet ihn ein, führt ihn zu Hirten, und bei ihnen nimmt Enkidu seine erste menschengemachte Nahrung zu sich, Brot und Bier. Danach wird er zum Beschützer der gezähmten Tiere – und ich dachte, als ich das las, an die Rinderherden auf den Felswänden der Sahara.

In den Sprachbildern der Erzählung sind die Rinder ständig anwesend, so wird die Mutter des Königs Gilgamesch als Wildkuh bezeichnet, der junge Gilgamesch heißt »Stier seines Vaters«, um die unbändige Kraft zu beschreiben, über die er verfügt, aber nur schlecht einzusetzen weiß. Alle drei haben menschliche Gestalt, sind aber riesig groß und mindestens zur Hälfte, heißt es, auch Götter. Die Erzählung berichtet von einer Zeit, in der sich Menschen, Tiere und Götter noch im Prozess der Trennung voneinander befinden – oder anders gesagt, sie drückt aus, dass Menschen sich zwar gottgleich fühlen, aber auch tierisch sein können.

Nachdem nun Enkidu domestiziert wurde, kämpft er gegen Gilgamesch, aber sie sind gleich stark und freunden sich miteinander an. Als Helden der Erzählung bestehen sie wichtige Abenteuer, die fast alle als zivilisatorische Handlungen interpretiert werden können – etwa Holz aus einem von einem Ungeheuer bewachten Wald zum Bauen zu holen. Dann weist Gilgamesch die Göttin Ischtar zurück, die ihm ihre Liebe angetragen hat, auch dies ein zivilisatorischer Akt, die Handlung eines Menschen über die einer Göttin zu setzen. Aus Rache, so heißt es dann, bringt Ischtar ihren Vater dazu, den Himmelsstier zur Tötung des Gilgamesch auf die Erde zu lassen. Nachdem der gigantische Himmelsstier auf der Erde getobt und die Landschaft verwüstet hat – vielleicht eine Erinnerung an den ungezähmten Auerochsen –, gelingt es Gilgamesch und Enkidu, ihn gemeinsam zu töten. Die Strafe der Götter ist der Tod von Enkidu und sein Freund Gilgamesch macht sich aus Trauer auf die lange Suche nach der Unsterblichkeit. Dafür muss er zuerst verwildern und wird nun selbst fast wieder ein Tier, wie es zu Anfang Enkidu war.

Man weiß bis heute, seine Reise war erfolglos. Der Mensch blieb sterblich.

Und so wurde Gilgamesch wieder zum Menschen und war nach vielen Momenten des Versagens endlich bereit, die Verantwortung als guter Herrscher, als Mensch zu übernehmen.

Das Gilgamesch-Epos ist eine Erzählung darüber, wie der Mensch darum ringt, einen Platz außerhalb der Natur einzunehmen. Denn dies ist die große zivilisatorische Leistung der Menschen der Vor- und Frühgeschichte – die Entfernung von den Gesetzen des Tierreichs, vom Recht des Stärkeren, hin zur Entwicklung sozialer Formen des Zusammenlebens als nächste Stufe in der Evolution. Die sumerische Kultur ist bereits ein Höhepunkt dieser Entwicklung, und neu in ihr war, dass sie von diesem Prozess nicht nur in Bildern erzählt, sondern durch eine in Schrift gesetzte Sprache. Die Wildkühe und Stiere im Hintergrund der Geschichte wirken wie Objekte des Übergangs, mit deren Hilfe man gestärkt in die Zivilisation gehen kann. Die langen, verwickelten Göttergeschichten Mesopotamiens und Ägyptens zeigen das zunehmende Bewusstsein darüber, wie nahe die Verwandtschaft zwischen Mensch und Tier ist und wie unendlich lang und verschlungen der Weg der Unterscheidung des Menschen vom Tier. Vielleicht ist es auch kein Zufall, dass der erste Buchstabe unseres Alphabets, das A, ein umgedrehter Kuh- oder Stierkopf ist.

Von diesen höchst komplexen Beziehungen der Menschen mit ihren Tieren und Göttern, von den Narrativen der Kulturgeschichte wusste ich noch nichts, als sich bei uns Anfang der 1970er-Jahre die landwirtschaftlichen Betriebe vergrößern und spezialisieren mussten. Auf allen Höfen gab es damals dieselben Engpässe: Es fehlte an Geld und an Arbeitskräften. Weil mein Bruder damals in der Lehre war, durfte ich mit den größeren Maschinen arbeiten, vor allem aber musste ich in dieser Zeit morgens vor der Schule und am Abend nach den Schularbeiten beim Melken helfen. Langsam wurde die Herde aufgestockt. Alle Kuhkälber wurden großgezogen und die gekalbten Sterken in die Herde aufgenommen. Man musste aber auch Sterken und Kühe dazukaufen. Es gab zwischen unseren Eltern immer Diskussionen darüber, ob es besser sei, eine tragende Sterke zu kaufen oder eine Neue erst dann zu kaufen, wenn sie schon gekalbt hatte und man sehen konnte, wie robust sie war, wie ihr Euter sich entwickelte und wie viel Milch sie gab. Wir hatten oft Gelegenheit, die alte Regel bestätigt zu sehen, dass kaum ein Bauer je seine besten Milchkühe verkauft. Oft war die Leistung der neuen Kühe nur mäßig, bei einigen Sterken stellte sich heraus, dass ihr Euter durch Insektenstiche oder Infektionen auf den Moorweiden schon vor dem Kalben verdorben war. Andere wurden nach dem ersten Kalb nicht wieder tragend, und manche waren das tägliche Treiben zum Melken zwischen Weide und Stall nicht gewohnt. Bei jeder neuen

Kuh musste außerdem unsere älteste Kuh klarstellen, dass sie hier der Boss war. Es gab Kämpfe und Unruhe in der Herde, öfter als früher fanden wir auch noch mitten in der Weideperiode abgestoßene Hörner auf den Weiden. Und einmal hatte uns ein Verkäufer offenbar eine Ammenkuh angedreht, die nur das Saugen von Kälbern gewohnt war und nicht das Melken. Sie zitterte vor Angst und ließ sich bis zum Schluss nicht in Ruhe das Milchgeschirr anlegen. Irgendwann kam immer der Punkt, selbst wenn ich ihr schon die Hinterbeine mit einem Strick zusammengebunden hatte, dass sie sich mit einer verrückten Bewegung – ihr ganzes Hinterteil hüpfte dabei hoch – das Melkgeschirr abschlug. Nicht selten erwischte sie dabei auch noch mich. Eine andere hinzugekaufte Kuh kam aus einem Stall, in dem sie die einzige Kuh gewesen war. Sie hatte große Angst vor den anderen Kühen, aber keine vor Menschen. Man musste sie immer als erste oder letzte Kuh losbinden, nur vor der Herde vorauslaufend oder hinter ihr hertrottend, fühlte sie sich sicher.

Es war nicht einfach, eine Herde zu vergrößern – und vergrößern sollten wir alle, die wir weitermachten mit der Milchwirtschaft. Aus zehn Kühen sollten zwanzig werden, aus zwanzig dann dreißig, bald vierzig und fünfzig. Lange versuchten wir es, ohne einen neuen Stall zu bauen. Zuerst wurden auch in den Jungviehstall ein paar Kühe eingestellt, die Melkleitung für sie hinübergelegt, das Jungvieh bekam Boxen im schon lange nicht mehr benutzten Schweinestall. Dann wurden die Boxen wieder rausgerissen, es wurde Beton gegossen, um einen neuen Stand und eine Jaucheabflussrinne dahinter zu bauen, wieder wurde die Melkleitung hinübergelegt – und bald konnte man fünf oder sechs Kühe mehr melken. Aber auf diese Weise hatte der Hof immer weniger eigene Nachzucht, eben weil kein Platz mehr für sie gewesen war. Die Zukäufe erwiesen sich, siehe oben, als längst nicht so erfolgreich wie die selbst gezogenen Stärken, unsere Mutter hatte es gleich prophezeit. Dieser Fortschritt, zu dem wir offenbar verurteilt waren, wenn wir weiter Milchbauern bleiben wollten – und was hätte man anderes auf dem nur zum Weideland taugenden Moor machen sollen –, war nicht so einfach zu bewerkstelligen.

Ohne Stallbau ging es bald nicht mehr. Also wurde ein Kredit aufgenommen und ein Laufstall gebaut, zuerst mit vierzig Liegeboxen, bald waren es achtzig. Und zuvor mussten den Kühen die Hörner abgesägt werden, so war es empfohlen worden, weil sie sonst im Stall nur miteinander kämpfen würden. Es folgte ein Tag voll jämmerlichen, wütenden Kuhgebrülls, durch den auch die Männer, die dieses Tun ins Werk setzten, blass und mit weichen Knien gingen und an dessen Ende einige Eimer mit blutigen Hornstümpfen standen. Als die Bauernkinder der nächsten Generation in der Schule lernten, dass Kühe Hörner haben, protestierten sie und erzählten zu Hause, dass die Lehrerin keine Ahnung hätte.

Bald konnte die Herde wieder mit der eigenen Nachzucht vergrößert werden, den kleinen Kälbern wurden die Hornansätze weggebrannt, sodass nie wieder Kuhhörner abgesägt werden mussten. Und die Jungtiere standen bald in neu hinzugebauten oder gemieteten Stallungen – gemietet von denen, die mit der Landwirtschaft aufgehört oder keine Nachfolger mehr hatten. Nur sah man draußen auf der Weide kein Jungvieh mehr, auch keine Kühe und keine Kälber. In den meisten Milchkuhbetrieben hatte sich für einige Jahrzehnte die reine Stallhaltung durchgesetzt, wie schon einmal Ende des 18. Jahrhunderts, als man den Mist der Kühe gesammelt hatte zum Düngen der Äcker.

Mich traf diese Entwicklung, wenn ich meine Eltern und die Familie meines Bruders auf dem Hof besuchte. Aber ich wusste, dass meine eigene Entscheidung, auf keinen Fall in der Landwirtschaft zu arbeiten, schließlich auch damit zu tun hatte. Ich gehörte zu den Tausenden, die ihre Arbeitskraft entzogen, die man in der Landwirtschaft für eine große Kuhherde, ihre Kälber und das Jungvieh gebraucht hätte. Jedenfalls, wenn man ihnen allen Weidegang und Hörner hätte bieten wollen.

TEIL II

10 MEINE REISE ÜBER DIE DÖRFER

ICH SITZE AUF EINER BANK und denke über Menschen und Kühe nach. Die Bank steht auf einem Friedhof, der eingerahmt ist von Straßenschluchten zwischen fünfstöckigen Mietshäusern. Nahebei aufgeregte Vogelrufe, lautes Sprechen von Menschen auf der Bank nebenan. Dazu das Rauschen des Autoverkehrs. Eine Ampelanlage regelt die Verkehrsflut der beiden dreispurigen Straßen am Rande, das Rauschen schwillt an, wird weniger, stoppt, schwillt wieder an und so immer weiter.

Wie viele Menschen es hier gibt, und wie wenige es im Dorf waren! Und Bänke gab es dort überhaupt nicht, nicht einmal auf dem Friedhof. Und hätte es eine Bank gegeben, und dann noch eine zweite daneben, hätte man in jedem Fall ein paar Worte gewechselt mit denen nebenan, denn man hätte einander natürlich gekannt.

Aber es hätte sich sowieso keiner von uns im Gesichtsfeld eines anderen zum Nichtstun niedergelassen, außer vielleicht ganz alte Männer und Frauen. Für alle anderen, aber eigentlich auch für sie und bis zum Lebensende, gab es im Dorf nie nichts zu tun – es sei denn, man feierte. Sonst aber existierte nichts, ob Mensch, Tier, Pflanze oder Ding, das einen nichts anging, an dem man einfach so hätte vorbeigehen können – nicht das Holztor, das schief in den Angeln hing und immer noch nicht repariert worden war, nicht das gelbbraun verschmierte Fell eines Kalbes, von dem man dann gleich wusste, dass es an Durchfall litt, oder eine der Kühe, die immer wieder einer anderen Kuh aufsprang, sicherstes Zeichen, dass sie bullte, also ihre fruchtbaren Tage hatte, also besamt werden konnte. Oder ein Jungtier, das aus der Weide ausgebrochen war und am Straßenrand graste. Man hörte und sah an nichts vorbei, filterte die Geräusche und Bilder nie als etwas nicht zu- und angehörig aus der eigenen Aufmerksamkeit heraus. Nein, man sagte denen Bescheid, die es anging, und wenn man seinen Weg nicht unterbrechen konnte, rief man wenigstens anschließend dort an.

Nach dem Umzug in die Stadt musste erst einmal gelernt werden, dass endlich einmal ein krankes Kalb, ein zerrissener Zaun und ein ausgebrochenes Jungtier, sogar ein Lachen, Weinen oder Brüllen von Mensch oder auch Tier nicht mehr in die eigene Verantwortung fiel, nicht beantwortet werden musste. Man sah auf dem Dorf ja immer, wenn etwas in Unordnung war, oder wusste, dass man einer schiefen Sache wenigstens auf den Grund gehen, dass man vielleicht kurz zur Hand gehen sollte. Und Gedanken darüber machte man sich so oder so im Vorbeigehen.

Daher bestand die Anstrengung des neuen Stadtlebens für mich anfangs auch aus dem Sichabtrennen von allem. Meine Erfahrung war so sehr die der Arbeit und des Eingreifens, dass mich selbst ein Spaziergang im Park, das Wohlgefallen an Bäumen, Büschen und Blumen, an denen alle Arbeit schon gemacht war, anfangs in eine untergründige Spannung versetzen konnte. Meine Erfahrung war das Eingreifen, einfach nur umherschweifen oder wandern, überhaupt jegliche Freizeitaktivität in wilder oder parkähnlicher Natur war mir fremd. Ich kannte nur die Auseinandersetzung mit der Natur – die im Übrigen keiner von uns Natur genannt hätte, sie war nie allgemein, sondern immer besonders: Kuh und Weide, Wasserstand im Kanal, Birke und Kartoffelfeld, Roggen, Storch und Lerche.

Wir wussten sogar, möchte ich behaupten, dass wir im Erzeugen von etwas – Milch, Fleisch, Getreide, Kartoffeln – auch etwas verbrauchten: Futter, Dünger und Diesel, das nur durch unsere Arbeitskraft zusammengeführt zu einem Akt der Produktion wurde. Wir waren beteiligt an dem, was entstand, und an dem, was verbraucht wurde. Tatsächlich wurde und wird ja in der notwendigen, der ursprünglichen und grundsätzlichen Aneignung der Natur durch die Menschen eine Not gewendet, die Not derer, die Kleidung, Nahrung und Behausung erzeugen müssen aus dem, was sie vorfinden. Das hat mit Geschick und Kraftanstrengung zu tun, mit Gestank und mit schmutzigen Händen, buchstäblich – und sinnbildlich vielleicht auch.

In ihrem Buch »Das dreckige Leben« beschreibt Kristin Kimball, wie während der Arbeit mit der Scheibenegge auf einem Gemüsefeld ein Vogel vor ihr herflattert. Sie vermutet, dass am Tag zuvor sein Gelege durch den Pflug zerstört worden ist.

»Kurz versuchte ich, mir eine Nahrung vorzustellen, die nicht mit Leiden verbunden ist, und kam auf Thoreau am Teich mit seinem kleinen Bohnenbeet. Aber dann fiel mir ein, dass er jeden Tag zu seiner Mutter in die Stadt gegangen ist, um bei ihr Mittag zu essen.« Mit anderen Worten, Henry David Thoreau, der mit »Walden« den amerikanischen Klassiker vom Ausstieg und vom einfachen Leben schrieb, drückte sich vor der Praxis und Einsicht, dass menschliches Leben einen manchmal gewaltsamen Ge- und Verbrauch von Pflanzen, Tieren und Böden bedeutete. Er überließ es anderen, schuldig zu werden.

Was ist inzwischen mit dem Wissen geschehen, dass der Eingriff in die Natur auch Gewalt in sich birgt? Dass man in der beständigen Widersprüchlichkeit des Pflegens, Hütens und Säens und dann des Erntens, Schlachtens und Essens lebt?

Mir kommt der Gedanke, im Sommer einige Höfe zu besuchen, auf denen Milchkühe gehalten werden. Verschiedene Regionen und verschiedene Arten der Haltung, meinetwegen auch verschiedener Rassen, sollen darunter sein. Vor allem will ich – aber das weiß ich da, auf der Bank im Berliner Frühling, noch nicht so genau – die Menschen ebenso aufmerksam betrachten wie ihre Tiere. Denn eigentlich geht es um die Beziehung zwischen ihnen, den Menschen und den Tieren.

In den Norden

EINEM ONKEL MEINES NEFFEN gehört der erste Hof, den ich besuche. Es ist Mai und noch stehen die Kühe angebunden im Stall. Genau deshalb wollte ich kommen, denn das ist die Kuhhaltung, die ich aus meiner Kindheit kenne. Es gilt der heutigen Vorstellung von artgerechter Kuhhaltung als nicht mehr akzeptabel, wenn ein so großer Vierbeiner wie die Kuh über Wochen und Monate im Winter auf einer Stelle angebunden stehen muss, Laufställe sind zur Norm geworden. Wenn die Tiere mindestens 120 Tage im Jahr auf die Weide kommen, darf die Stallanbindung im Moment noch praktiziert werden, da die Tiere gewissermaßen im Sommer durch Weidehaltung kompensiert werden für die lange Winterzeit des Stillstehens. Inzwischen ist das absolute Verbot der Anbindung von Kühen absehbar, in Österreich etwa gibt es sie schon heute nur noch als Ausnahmeregelung, in der Bundesrepublik soll sie bis 2030 abgeschafft sein.

Dies ist dramatisch für jene Gegenden in Süddeutschland, in denen die Kühe im Sommer auf die Almen gehen, dort die Touristen erfreuen und vor allem dafür sorgen, dass die Almweiden nicht verbuschen oder zu Wäldern werden. Meistens kommen sie aus traditionellen Milchviehbetrieben, deren Besitzer jedoch selten das Geld aufbringen können – oder im Dorf den Platz nicht haben –, um Laufställe für den Winter und die dazugehörigen Melkanlagen zu bauen. Aber auch in der norddeutschen Tiefebene freut sich der Mensch natürlich über den Anblick weidender Kühe. Sowohl für das Grünland als auch für die Herden selbst wäre dies eine gute und für das Klima zukunftsweisende Tierhaltung. Im Moment jedoch sind die weidenden Kühe, die man beim Spazierengehen oder bei der Fahrt über Land so gerne sieht, nicht selten genau jene Herden, die es aufgrund von Tierwohlauflagen bald nicht mehr geben könnte.

»Ich bin spät dran in diesem Jahr«, sagt Horst. »Aber es steht noch nicht genug Gras auf den Weiden. Das Frühjahr war zu kalt, und bei mir muss das Gras dann für den ganzen Sommer reichen.«

Ich trinke noch kurz einen Kaffee mit ihm und seinem Bruder Rolf, der beim Viehbesorgen hilft. Dann ziehe ich meine Gummistiefel an – ich habe endlich eigene gekauft – und wir gehen in den Stall. Etwa vierzig Kühe stehen in vier Reihen, sie werden mit Knebelketten auf den Plätzen gehalten. Über ihren Köpfen laufen die Rohre für das Melkvakuum und die Milch entlang – das Vakuum kommt aus der Milchkammer, die Milch fließt in sie bzw. in den Tank dorthin zurück. Die trockenstehenden und frisch gekalbten Kühe befinden sich in einem benachbarten Stall, ebenso wie eine Menge großer und kleiner Bullen in einem weiteren. Im Moment ist der Kilopreis fürs Rind recht hoch, da hat es sich tatsächlich einmal gelohnt, die Bullen großzuziehen. Vor dem Melken wird noch schnell ausgemistet, mit dem schmalen Hoflader fährt Horst in die Gänge hinein und rückwärts wieder raus, in der Schaufel den Mist, er kippt ihn hinter dem Stall auf den Misthaufen, der auf einer Betonplatte ruht. Danach werden die Kühe frisch eingestreut. Auch hier leben viele Katzen auf dem Hof.

Die Krippen werden sauber gemacht, es gibt Mineralfutter, dann Silage.

Ich wundere mich, dass die meisten Kühe trotz der Anbindehaltung enthornt sind.

»Das haben die Behörden irgendwann gefordert«, sagt Horst. »Wegen der Verletzungsgefahr.« Zwei sehr weiße Kühe fallen mir auf, sie haben schmale Köpfe und Locken über der Stirn. Es sind die beiden genetisch Hornlosen, höre ich, bei denen fällt der Kopf etwas schmaler aus. Dann erzählt Horst, wie einmal ein Viehtransporter zum Abholen einiger seiner Bullen kam, der hatte ein Highland-Rind auf dem Anhänger, ein langhaarig-braunes Tier mit breit ausladenden Hörnern. Er fahre mit dem Tier schon seit zwei Tagen herum, habe der Fahrer gesagt, aber kein Schlachthof nehme es ihm ab, weil es mit seinem gehörnten Kopf nicht in die Schlachtboxen passe. Er habe dann aber doch noch einen Schlachthof gefunden.

Ich sehe mich im Stall um und freue mich über die vielen Schwalbennester an den Balken – unter jedem ist ein kleines Brettchen angebracht für den Kot. Die Helligen, eine Art Galerie über den Tieren, sind vollgestellt mit veraltetem und zerbrochenem oder erst im Sommer wieder gebrauchtem Gerät, das ist dicht eingesponnen von Spinnweben – wie überall auf dem Land, wenn etwas längere Zeit nicht berührt und gebraucht wird.

Während Horst das erste Geschirr anlegt, erzählt er, dass sein Vater in den 1970er-Jahren an den alten Kuhstall einen Anbau für zwanzig weitere Kühe gebaut hat.

»Er hätte vielleicht lieber einen Laufstall bauen sollen«, sagt er nachdenklich, aber ohne Vorwurf. Seine Mutter, die alte Bäuerin, ist schon seit einigen Jahren tot, sein Vater erst kürzlich gestorben; die Schwestern haben auf andere Höfe geheiratet, die beiden Brüder sind ledig geblieben. Eine Modernisierung des Hofes ist am Ende vielleicht auch deshalb unterblieben.

Horst melkt mit drei Melkgeschirren, nie setzt er sich auf einen Schemel, wie wir früher, sondern er geht beim Geschirr-Anlegen, -Kontrollieren und -Abnehmen auf einem Bein in die Hocke, das andere steht angebeugt im Mistgang. Sein ganzer Körper ist zum Euter hinuntergebückt, bei der ersten, der zweiten, der dritten Kuh, bei ihnen allen, vierzig Mal, zweimal täglich. Nur einen kurzen Moment richtet er sich jeweils auf, fährt mit der Hand über den Rücken einer der Kühe, spricht mit ihr. Dann geht es wieder runter in die Hocke.

Währenddessen sorgt Bruder Rolf für die Kälber. Ich spaziere kurz zu ihm rüber und sehe zu, wie er die Kälber tränkt, wie die Katzen ihn umtanzen, darunter auch ein paar kleine Kätzchen. Er arbeitet mit den Tieren ebenso ruhig und selbstverständlich wie sein Bruder, genießt ihre Gesellschaft und vielleicht auch die Dankbarkeit der Tiere für Futter, frische Einstreu und Berührung.

Alles atmet ruhige Gewohnheit und ein schönes Eingespieltsein. Jeder geht seinen Gedanken nach, die Kühe und die Menschen, so sieht es aus. Nur ich störe eine Stunde lang mit meinen Fragen. Aber vielleicht ist mein Besuch dann auch wieder ganz in Ordnung, weil eigentlich jeder gerne von seiner Arbeit erzählt und erklärt, warum er was auf welche Weise tut.

Im Juli besuche ich den Hof ein zweites Mal. Der Kuhstall ist leer und sauber, die Kühe grasen bis zum Herbst auf den Weiden, aber die Milch kann nicht als Weidemilch vermarktet werden, weil die hiesige Molkerei diesen Vermarktungsweg nicht anbietet. Im Sommer melkt Horst seine Kühe draußen und ich bin hier, um es mir genauer anzusehen. Die Herde steht im Moment nicht weit vom Hof entfernt auf einer sehr großen Weide, täglich wird der bewegliche Zaun ein wenig weiter gesetzt, sodass die Tiere immer wieder frisches Gras vor sich haben. Einmal morgens und einmal abends werden sie aus den hintersten Ecken herbeigerufen und geholt, und erst, wenn alle vor dem kleinen hölzernen Melkstand, der nahe am Weideeingang steht, versammelt sind, kann das Melken losgehen. Jede Kuh, die ausgemolken ist, geht vorwärts aus dem Stand hinaus – eine Klapptür wird aufgezogen und fällt wieder zurück, während die Kolleginnen hinter ihr noch darauf warten, durch den Melkstand zu gehen. Auch hier hilft ein bisschen das Kraftfutter, das vor Beginn des Melkens in Holzboxen geschüttet wird, von dort rieselt es langsam in die kleinen Tröge, die je rechts und links der Kuh angebracht sind. Fünf Kühe werden gleichzeitig gemolken.

Täglich auf die Weide mitgebracht wird der Trecker als Energiequelle für den Melkvorgang – per Zapfwellenantrieb wird so das Vakuum hergestellt. Auch ein kleiner Anhänger mit zwei leeren Tanks für die Milch ist dabei, frisches Wasser zum Säubern der Geschirre und die Kanne, in die eventuell die Milch einer Kuh extra hineingemolken werden muss, falls sie Flocken im Euter hat, also eine Mastitis. Seitlich am Melkstand, der jetzt monatelang auf der Weide stehen wird, ist eine Art großer Schrank angebracht, in dem die Melkgeschirre und Schläuche aufgehängt sind, dazu ein paar Stricke und Eimer. Es ist ein bisschen wie beim Camping: Nicht immer braucht man alles, was man mitgenommen hat, aber lieber hat man es dabei.

Nach dem Anschalten erhöht sich die Umdrehungszahl der Zapfwelle schnell, der kleine Trecker wird lauter und bleibt es bis zum Schluss des Melkens. Jede Kuh geht auf ihre Weise in den Stand, manche drängelt, andere scheuen davor, als sähen sie den Melkstand zum ersten Mal in ihrem Leben.

Horst lacht, als ich das sage.

»Ja, so ist das, manche sind ziemlich schrullig.«

Wenn sie ausgemolken sind, werden sie durch die Klapptür hinausgelassen. Da stehen sie dann ein bisschen unschlüssig herum. Man könnte jetzt noch zur Tränke gehen, die auch hier am Weideeingang steht, oder sich ein bisschen am Wagen, Trecker oder Anhänger scheuern, oder auch mich betrachten und belecken, die unbekannte Besucherin. Manche brüllen klagend in den Abend hinein, denn die anderen gemolkenen Kolleginnen sind gar nicht mehr zu sehen, also muss man alleine den Weg auf sich nehmen zum frisch vorgesetzten Weidestück, das aller Erfahrung nach am Ende des Ganges liegt. Oder es kommt eine zweite oder dritte Kuh gerade aus dem Melkstand und schließt sich an.

»Der Weg ist ziemlich lang«, sage ich.

»Ja, meine Kühe müssen viel laufen«, grinst Horst. Ich bewundere die festen, großen Klauen, die bei diesen Kühen durch das Gehen auf dem federnden Boden der Weide womöglich gesünder sind als bei den im Laufstall gehaltenen Tieren.

Nach dem Melken bleibt wie immer das Säubern des Melkstands, Horst fegt ihn aus und bereitet ihn für den nächsten Morgen vor.

Nach gut anderthalb Stunden hört dann auch der Trecker auf zu brummen.

Zu meinem nächsten Hof jenseits der Weser bringt mich Gunda Bruns, Bauerntochter aus dem Ammerland, diplomierte Gartenbauerin und Gründerin des Vereins NadU Gesundes Gemüse und auch Aktivistin der Arbeitsgemeinschaft bäuerliche Landwirtschaft (AbL). Ihr Anliegen ist, interessierte Laien zu ermutigen und auch zu befähigen, Gemüse anzubauen und insgesamt auf dem Land wieder eine Kultur der Selbstversorgung wachsen zu lassen. Auf dem von ihr betreuten, aber von den Mitgliedern gemeinsam bewirtschafteten Feld wird regional und umweltschonend Gemüse erzeugt. Gunda ist ein praktischer Mensch und sie hat mich und mein klappriges Auto richtig eingeschätzt. Nachdem ich mit ihr zusammen Pflücksalat geerntet habe, legen wir erst einmal die Rücksitze um und laden Tomatenpflanzen ein. Vielleicht kann man sie unterwegs loswerden, im Stift Börstel zum Beispiel, in dem sie mir die etwa vierhundert Jahre alten Linden neben der Kirche zeigen will, oder bei den Scherhorns, zu denen wir anschließend fahren. Die Saat der Tomaten ist in diesem Frühling so gut aufgegangen und auf dem Gemeinschaftsfeld sind die Pflanzen so prächtig gewachsen, dass Jungpflanzen dazwischen rausgenommen werden müssen. Und für den Kompost sind sie zu schade.

Lange fahren wir am Küstenkanal entlang, der Weser und Ems verbindet, durch das alte Entwässerungsgebiet eines Hochmoores, das immer noch mehr durch Gräben und Kanäle strukturiert ist als durch Straßen und Orte. Fast könnten wir schon in die benachbarten Niederlande rübergerutscht sein, denke ich, so ähnlich sind sich diese flachen Landschaften – aus der Nässe stammend und mit einer Landwirtschaft, die sich ganz und gar der Entwässerung verdankt. Manchmal weist Gunda mich auf Mastställe für Geflügel und Schweine hin, man erkennt sie, wie sie mir erklärt, an den hohen, breiten Abluftrohren, die wie überdimensionierte Schornsteine die Gebäude überragen.

Dann hebt und senkt sich das Land und bald wird es in der Nähe des Stifts Börstel sogar waldig. Nach einem kurzen Rundgang auf dem Gelände des ehemaligen Zisterzienserklosters – die Äbtissin hat keine Zeit und braucht leider keine Tomatenpflanzen – bestaune ich die großartigen, ehrfurchtsgebietenden Linden neben der Kirche. Nach ein paar weiteren Kilometern sind wir schließlich da, auf dem Hof der Familie Scherhorn.

Ein schöner alter Schaugiebel verkündet: »Der Unter der Hand des Allerhöchsten Wohnet und unter dem Schirm Des allmächtigen Gottes Vom Himmel Bleibt der spricht Zu dem Herren Mein Zuversicht und Erhalter bist du Mein Gott«. Im Halbrund darunter stehen in weißer Farbe um den Rahmen der Grotdör geschrieben die Namen der Eheleute Johann Bernd Scherhorn und Cathrina Margaretha Stöven.

Hier liegt mitten in den Mooren hinter der Ems ein kleines Geestgebiet, auf dem schon lange vor der Urbarmachung der Moore gesiedelt und gewirtschaftet wurde. Die Jahreszahl des Hausbaus – oder der Heirat der darunter verzeichneten Eheleute – ist 1789, also das Jahr der Französischen Revolution. Aber die Landwirtschaft auf dieser Hofstelle geht noch um einige Jahrhunderte mehr zurück, sagt der heutige Besitzer, Björn Scherhorn. Er ist eine ungewöhnliche Erscheinung mit seinen zwei Zöpfen aus Haupthaar und Bart, den Tatoos und seinem Cowboyhut. Auf dem schwarzen T-Shirt steht: BIO ROCKT – und dem zweiten O sind Hörner aufgesetzt – ein Heavy-

Metal-Fan, würde ich sagen, aber danach habe ich ihn nicht gefragt. Tatsächlich ist das Revolutionäre auf diesem Hof heute die Art seiner Milchkuhhaltung, die zusammen betrieben wird mit einer »Weidekalbhaltung aus muttergebundener Aufzucht«. Das bedeutet, dass die Kälber nach der Geburt ein paar Monate mit den Kühen gemeinsam auf der Weide laufen, gleichzeitig werden dieselben Kühe aber auch gemolken. So grast die etwa siebzig Kopf große Kuhherde mit ihren Kälbern und zwei Bullen zusammen und alle werden täglich durch den Melkstand des Laufstalls getrieben. Sowohl die Kälber als auch die Bullen verstehen schnell, sagt Björn, dass für sie im Melkstand weder etwas zu holen noch zu bringen ist, deshalb gehen sie bald nicht mehr rein. Ich wundere mich, glaube aber gerne, dass es funktioniert. Bauern sind Pragmatiker.

Auf dem Hof spielen drei Blondschöpfe, die jetzt mit ihrem Vater und uns auf die Weide mitkommen. Auf der Weide steht eine bunte Mischung, die meisten Kühe sind Holsteiner und Fleckvieh, einer der Bullen ist ein Jersey-Rind, der also die Anlagen für eine kleine Menge, aber extrem fetter Milch an seine Töchter vererben wird. Der andere ist ein Blond d'Aquitaine, also eine Fleischrasse, von ihm wünscht man sich eher Bullenkälber. Ich frage, welche Erfahrungen sie mit diesen verschiedenen Abstammungen haben.

Björn Scherhorn lacht.

»Mal sehen«, meint er, »wir probieren es noch aus.« Er fügt später hinzu, dass neben den Bullen- auch die Kuhkälber aufgezogen werden – manche als Nachzucht für die Milchkuhherde, andere zur Mast.

Wir stehen im Gras, weder die Kühe noch die Kälber, noch die Bullen scheint unser Besuch groß zu kümmern. Die Kälber sind kaum zu sehen, sie liegen im hohen Gras und sowieso stehen sie selten bei der Mutter. Nach vierzehn Tagen bis drei Wochen, so Scherhorn, schließen sich die Neugeborenen den anderen Kälbern an, mit denen sie dann umherziehen, eine veritable Kinderbande. Wenn sie hungrig sind, blöken sie, die Mutter muht und auf diese Weise finden Kuh und Kalb zueinander.

»Eine andere Kuh würde das fremde Kalb in den wenigsten Fällen bei sich saugen lassen«, sagt er.

Vermarktet wird die Milch des Hofes als Bio-Weidemilch unter zwei Labeln, Demeter und Biokreis. In Zusammenarbeit mit einer mobilen Käserei wird ein kleiner Teil selbst vermarktet als Grasland-Käse, den es, wie der Name sagt, nur von grasfressenden Kühen gibt. Im Winter werden die Kühe im Laufstall gehalten, können aber auch in einem Außenbereich spazieren gehen und so Luft und Sonne genießen. Gefüttert wird dann Heu und Grassilage vom ersten und zweiten Schnitt, im Winter wird kein Käse hergestellt.

Es herrscht mal wieder eine große Hitze, wie so oft in diesem Sommer. Die meisten Kühe und Kälber haben sich an den Rand der Weide begeben, wo ein paar Bäume Schatten spenden. Auch wir gehen bald in den Schatten, und beim Gehen fällt mir auf, dass ich unter meinen Füßen keine feste Grasnarbe spüre, sondern einen ziemlich unebenen Boden.

»Ja klar«, sagt der Bauer, »im letzten Jahr stand hier Getreide. Danach haben wir Gras gesät, jetzt laufen hier die Kühe und hinterlassen ihren Mist. Das tut dem Humusaufbau gut.« Der Boden hat Ackerstatus, aber gepflügt wird nicht.

»Welches Getreide wurde hier vorher angebaut«, frage ich. »Weizen?«

Wenn es so einfach wäre – aber hier werden komplexe Mischungen gesät, etwa Ackerbohne und Weizen mit Öllein oder Leindotter, und dann in ebenfalls komplexer Fruchtfolge Sommergerste mit Lupinen, oder Triticale mit Erbse und Leindotter. Es gab kürzlich auch einmal eine Mischung aus Mais, Sonnenblume, Sorghum und Stangenbohne. Wegen der großen Trockenheit ging fast alles ein, aber die Sonnenblumen kamen prächtig.

»Mal ist es die Ackerbohne, die gut kommt, und der Weizen mickert ein bisschen, dann ist es die Ackerbohne, die mickert, und der Weizen ist umso besser. Neulich haben wir sogar afrikanische Hirse mit Öllein probiert, das hat – dem Klimawandel sei Dank – ausgezeichnet funktioniert.« Auch mit Pflanzenkrankheiten habe man weniger Probleme. Jede Art zieht bestimmte Insekten und Käfer an, die der einen Art schädlich, der anderen aber nützlich sein können. Das muss genau beobachtet werden. Es wird auf diesem Hof viel experimentiert, aber was unwirtschaftlich ist, wird verworfen.

Aus den geernteten Saaten wird entweder Saatgut zur Neuansaat gewonnen, oder die Saatmischungen werden in der hofeigenen Trennanlage entmischt und getrennt verbraucht oder vermarktet. So werden sie beispielsweise für die Kühe als eigenes Kraftfutter geschrotet. Und weil als Untersaat Kleegrassaat in den Boden kommt, ist gleich Futter für die Kühe da, wenn der Mähdrescher mit der Ernte durch ist.

Die Scherhorns verstehen ihre Arbeit als regenerative, aufbauende Landwirtschaft. Überall sind kleine Zeichen des Selbstverständnisses des Betriebs als einer naturnahen oder naturfreundlichen Landwirtschaft zu sehen – etwa ein Insektenhotel oder das Abzeichen für einen insekten- und schwalbenfreundlichen Betrieb. Trotzdem sollte man sich hier besser keine Idylle vorstellen. Geld ist knapp, man sieht es an den alten Maschinen und Geräten, die auf dem Hof stehen, die aber alle selbst finanziert sind. Und es wird, wie ich es von Viehhaltern überall kenne, bis zum Anschlag gearbeitet.

»Ein Bullerbü, das sich lohnt«, lacht Björn Scherhorn, »das wäre mein Ideal.« Das einzige Tabu auf dem Hof ist der Raubbau – und zwar an Mensch, Tier und Böden gleichermaßen.

»Werden die Kälber bis zur Schlachtreife gehalten?«, frage ich zum Schluss.

»Ja, und wir haben Glück, dass wir noch einen relativ nahe gelegenen, regionalen Schlachter haben«, sagt er. »Grad neulich habe ich bei ihm Schlachttiere abgeliefert, meine Tochter ist mitgekommen«, er zeigt auf eines der Kinder, die um uns herum spielen. Er fängt meinen Blick auf.

»Sie sollen früh lernen, dass der Tod dazugehört«, sagt er mit Festigkeit.

In den Süden

INZWISCHEN IST ES EIN HEISSER JULI geworden. Ich reise ins bayerische Alpenvorland, fünfzig Kilometer von der Landeshauptstadt München entfernt, um mir hier Kühe anzusehen und mit denen zu sprechen, die sie halten. Am späten Abend erreiche ich mein erstes Ziel, ein ländliches Hotel. Es ist schon dunkel, trotzdem genieße ich im Garten noch ein Weizenbier – mit Blick auf eine dunkle Wand vor dem Horizont. Das müssen wohl die Berge sein, denke ich norddeutsch vor mich hin. Beim Gang über den Hof zu meinem Zimmer rieche ich einen heimatlichen Geruch, der vom Bauernhof nebenan herüberweht. Es dauert einen Moment, bis ich ihn identifiziert habe, es ist der Geruch nach Silage.

Morgens höre ich dann ab und zu das Brüllen einer Kuh, rieche frisch gemähtes Gras, höre die große Stille. Aus dem Fenster schon sehe ich die Wand von gestern. Weiße, wie zerrissen wirkende Wolken ziehen sehr langsam darüber hin. Im stetig sich verändernden Morgenlicht wird die Wand lebendig, werden Berge daraus. Zum Frühstück ins Haupthaus hinübergehend, sehe ich in einiger Entfernung eine Ansammlung heller Formen am Waldrand, die ich spontan für Rinder halte, und während ich meinen Tee trinke, werden sie tatsächlich zu schweren, rotbraun-weiß gescheckten Kühen, die mir auf ihrem Weg zu einer frischen Weide entgegentrotten. Später fährt ein kleiner Trecker mit hochgeklapptem Mähwerk direkt am Hotel vorbei, verschwindet hinter dem Hang aus dem Blick und erscheint kurze Zeit später auf der dann wieder aufwärts führenden Straße.

Ich bin von der Stiftung Kunst und Natur in Nantesbuch eingeladen und kann mir dort ein großes Renaturierungsprojekt ansehen, in dem sowohl Wasserbüffel als auch Heckrinder eingesetzt werden. Es geht dabei um Landschaftsschutz, nicht um Lebensmittelerzeugung oder Wirtschaftlichkeit. Mit anderen Worten: Hier wird Geld ausgegeben, nicht verdient.

Wir nähern uns der kleinen Büffelherde, ich zähle ungefähr acht Tiere, es sind nicht alle zu sehen, etwa die Hälfte von ihnen liegt in einem kleinen Tümpel untergetaucht im Wasser. Es ist schon wieder so heiß, dass man sich am liebsten zu ihnen ins Wasser begeben möchte. Aber mit fremden Rindern bin ich sowieso vorsichtig, gehe nicht einmal besonders nahe zu dem Tümpel, denn ich weiß nicht, wie sehr sie an Menschen gewöhnt sind. Und ich weiß auch nicht, ob kleine Kälber in der Gruppe sind, die von den Kühen in jeder Herde notfalls rabiat verteidigt werden.

Es stellt sich heraus, dass die landschaftspflegenden Rinder hier eine sehr vertraute Beziehung zu den Menschen unterhalten. Als wir nämlich am Weidegatter der Heckrinder stehen, eine Rasse, die in den 1920er-Jahren von den Brüdern Heck in Richtung Auerochse »rückgezüchtet« worden sind und die tatsächlich beeindruckend riesige Hörner tragen, wandert die ganze Herde von Kühen, Bullen und Kälbern gemächlich auf uns zu. Angeführt werden sie von einer lahmenden Kuh – und die kommt sogar direkt ans Gatter, als erwarte sie von uns ganz entschieden Abhilfe. Das muss ihre Erfahrung sein, sage ich mir, und tatsächlich hören wir später von dem Mann, der sich um die Herden kümmert, dass Nadine, so der Name der jungen Kuh, ein Flaschenkind und an die helfende Hand der Menschen gewöhnt ist.

Die Rinder, die auf den ersten Blick so besonders wild und frei wirken, werden engmaschig überwacht und betreut, notfalls greifen Tierärzte ein, am Rande der Weiden sind Fangvorrichtungen abgestellt, damit sie behandelt werden können.

Am Waldrand stehen ein paar Exmoor-Ponys, auch sie sind, wie die Koniks, eine Art Rückzüchtung, in ihrem Fall in Richtung Urpferd. Exmoor-Ponys und Koniks sehen isländischen Pferden ähnlich und sind bei Landschaftspflegern auf renaturierten Flächen – in diesem Gelände darf z. B. ein alter Bach in seinem ursprünglichen Bett fließen – ähnlich beliebt wie Büffel und Heckrinder. Man hat inzwischen ein paar Jahrzehnte Erfahrung mit ihnen, sie sind so robust, wie man es sich vorgestellt hat, und sie halten die Landschaften offen, schützen sie vor Verbuschung durch Heiden, Zwergbirken, Ginster oder auch Schilf.

Dennoch muss ich daran denken, dass bei diesen Renaturierungsexperimenten manchmal auch etwas ziemlich schiefgeht. Oder anders gesagt, es geht so, wie Tiere, Landschaft und Witterung je zusammenspielen – mal ist es zu trocken, mal zu heiß, mal grassieren Infektionen, mal vermehrt sich eine Herde explosionsartig, weil die nachwachsenden Bullen und Hengste nicht herausgenommen werden. Von den alten Bullen oder Hengsten verjagt werden können sie nicht, weil am Ende doch ein Zaun um alles herumgezogen ist. Dann verhungern Tiere, weil zu wenig Futter für alle da ist, oder sie gehen an unbehandelten Krankheiten ein, wie es in der Natur eben vorkommt. Aber in den Augen von Spaziergängern oder touristischen Besuchern sind verhungernde und verendende Tiere eine Grausamkeit, weil der Mensch ihnen ja helfen könnte. Ein berühmt gewordenes Beispiel sind die Rothirsche, Heckrinder und Konikpferde im Naturentwicklungsgebiet Oostvaardersplassen in den Niederlanden. Schließlich musste sich selbst das Parlament mit den Kadavern beschäftigen, die man für Seeadler bewusst liegen gelassen hatte. Und auch die hungernden Koniks im Meldorfer Speicherkoog in Schleswig-Holstein lösten Unmut aus. Dort hatte man zum einen die aufwachsenden Hengstfohlen mitlaufen lassen und dann zur Förderung der Ansiedlung von Wasservögeln auch noch jeglichen Wind- und Regenschutz durch Sträucher entfernt. Die Herde hatte sich ungebremst vermehren können, die geschwächten Tiere erkrankten, und zum Ärger der Naturschutzorganisation griffen schließlich Bauern aus den benachbarten Dörfern ein, um die hustenden und halb verhungerten Pferde zu retten. Am Ende wurden die Koniks aus dem Gelände wieder herausgenommen.

Es kann tatsächlich kompliziert werden, wenn neue Naturschutzsensibilitäten auf alte Nutzviehkenntnisse stoßen. Und wenn man nicht rechtzeitig mal miteinander gesprochen hat.

Hier in Nantesbuch verhungert und stirbt kein Tier, siehe oben, und während wir noch zum Hüter der Herden fahren, um ihm von der lahmenden Kuh zu erzählen, gehen mir diese Beispiele des Zusammenpralls von idealisierter und realer Natur durch den Kopf. Ich frage mich auch, ob man bei diesen Herden vielleicht gar nicht mit Wolfsrissen rechnen muss, wie es in Niedersachsen und Brandenburg so häufig der Fall ist. Auf Nachfrage stellt sich heraus, dass in Bayern mehr Hunds- als Wolfsrisse vorkommen, oder zumindest gleich viele. Manche Touristen lassen ihre Hunde von der Leine und wundern sich, wie ausdauernd und unhaltbar sie hinter Wildtieren herjagen und auf menschliches Rufen nicht reagieren.

Der Landschaftspfleger hatte die lahmende Kuh Nadine bereits entdeckt und Maßnahmen zur Behandlung eingeleitet.

Am nächsten Tag bin ich wieder auf einem Milchkuhbetrieb. Für den Vormittag hat meine Gastgeberin ihre Nachbarin Pauline eingeladen. Wir sitzen miteinander bei Kaffee und Nussstrudel im Garten. Es soll heute wieder sehr heiß werden, aber noch ist es draußen gut auszuhalten.

Pauline und ihr Mann Willi sind Altenteiler – oder Austragler, wie sie hier heißen, Sohn Anton und Schwiegertochter Maria haben den Betrieb längst in ihre Regie genommen, die Senioren kümmern sich als Großeltern viel um die Enkelkinder und helfen auf dem Hof.

»Ich wollte immer Kuhbäuerin sein«, sagt Pauline stolz. Vor fünfzig Jahren hat sie auf den Hof geheiratet. Zu Hause besaßen sie nur zwölf Kühe, hier waren es schon 24, und die Schwiegermutter, so sagt sie, hat es sie immer spüren lassen. Schwerer noch war für Pauline, dass sie lange nicht melken durfte. Die Schwiegermutter bestand darauf, es weiterhin selbst zu tun. Aber Pauline hat sich trotz aller Kränkungen und der schweren Arbeit nicht kleinkriegen lassen. Im Jahr ihrer Heirat hat sie die Meisterprüfung in Landwirtschaftlicher Hauswirtschaft gemacht und tatsächlich im Laufe der nächsten zwölf Jahre insgesamt neun Lehrlinge ausgebildet – in Garten-, Haus- und Stallarbeit samt Verarbeiten der Ernte durch Einkochen, Schlachten, Pökeln und Räuchern. Viele ihrer Ehemaligen besuchen sie bis heute.

Pauline hat einiges mitgemacht. Die ersten beiden Schwangerschaften führten zu Fehlgeburten, danach hat sie fünf Kinder geboren, später erlitt sie noch eine dritte Fehlgeburt. Einer ihrer Söhne ist bei einem schweren Unfall ums Leben gekommen, ein zweiter starb durch einen Hirntumor.

Von Sohn Anton und seiner Frau Maria wurde der Betrieb übernommen, vor ein paar Jahren haben sie auf Bio umgestellt und melken jetzt eine Herde von vierzig Kühen. Am Abend werde ich zu ihnen in den Stall gehen.

Aber erst einmal darf ich hier mit Pauline sitzen und sie ausfragen.

Ich frage sie, was ich noch nie einen Bauern oder eine Bäuerin gefragt habe.

»Was ist so gut an Kühen?«

Pauline wundert sich nicht, und sie hat viel dazu zu sagen.

»Kühe sind beruhigend. Jede hat ihren eigenen Charakter. Man kennt sie ein Leben lang, vor allem, wenn man sie selbst aufgezogen hat.« Natürlich hat man die weibliche Nachzucht auch auf diesem Hof immer behalten, tränkte sie als Kälber, ließ sie als Jungvieh laufen, melkte sie als Kühe.

»Im Winter war es immer schön warm, sich beim Melken an ihren Bauch zu lehnen. Sowieso muss man ihnen dankbar sein, weil sie für uns da sind. Schließlich leben wir von ihnen.«

Früher hielten sie auf diesem Hof Fleckvieh, das in dieser Gegend traditionelle Rind, eine typische Zweinutzungsrasse für Fleisch und Milch. Das ist die Sorte, von denen ich am ersten Morgen in der Ferne einige gesehen hatte. Jetzt sind bei ihnen im Stall fast nur noch Schwarzbunte – wegen der Milchmenge. Früher gab es auch schon mal zwei Holsteinerinnen in der Herde. Dies war der erste Hof im Dorf, der die einstellte, da hat man sie fast wie Verräter behandelt.

»Die Schwarzbunten sind sensibler«, findet Pauline, »ein bisschen schreckhafter. Wenn man einer Fleckviehkuh einen Klaps gibt, dass sie einen Schritt weitergeht, rührt die sich kaum, die Schwarzbunte schreckt gleich beiseite.«

»Kuhbäuerin sein«, sagt sie, »das hieß auch, vor und beim und nach dem Kalben mal rauflangen, Hand und Arm in den Vaginalkanal schieben und nachfühlen, ob da alles ist, wie es sein soll.« Einmal hat sie nach einer Zwillingsgeburt ein drittes Kalb in der Kuh entdeckt und ihm auf die Welt geholfen.

»Kühe sind dankbar«, sagt die Bäuerin, »jedenfalls kam es mir immer so vor, also wenn man ihnen hilft – bei der Geburt und bei Krankheiten.«

Die Nachbarin erzählt jetzt, dass sie eines Nachts Pauline im Nachtgewand und mit aufgelöstem Haar herumgeistern und zur Wiese hat hochgehen sehen. Dass da ein Kalberl sei, hat sie gerufen und sei einem Ton nachgegangen, den sonst keiner hörte.

»Ja, da habt ihr wohl geglaubt, die ist jetzt komplett irre geworden.« Pauline lacht herzlich. Aber tatsächlich war auf der Weide noch ein Kalb. Eine Kuh hatte am Tag zuvor alleine auf der Weide gekalbt, man hatte sie und das Kalb nach Hause geholt. Allerdings war es eine Zwillingsgeburt gewesen, und das zweite Kalb lag unentdeckt im hohen Gras, keiner hat es gesehen und keiner nach ihm gesucht. Nur Pauline hörte es nachts jammern.

»Ich hab immer alles gehört«, sagt sie. »Nur jetzt, wo ich nicht mehr zuständig bin, höre ich nichts mehr.«

Hat ihr die Landwirtschaft immer Freude gemacht?

Ja, die Arbeit hat ihr immer gefallen. Aber sie war auch immer zu viel.

Gleich dreimal »immer«. Aber genau so ist es, wenn man Vieh hält.

»Der Körper verschleißt auf die Dauer. Vier neue Knie laufen auf dem Hof rum, zwei hab ich, zwei mein Mann.«

Das einzige Vieh, um das sie sich heute noch kümmert, sind ihre Hühner.

»Die Hühner sind meine Psychologen«, sagt sie. »Zu denen setze ich mich, wenn mal wieder alles schwierig ist.« Und sie geht täglich mit ihren Enkeln zu ihnen.

»Sie sortieren Federn und holen die Eier raus. Da lernen sie schon mal das Zählen.«

Am Abend sehe ich den Jungen beim Melken zu.

Den Boxenlaufstall haben Maria und Anton Brennauer 2015 gebaut, dann bald auf Bio umgestellt. Die Kuhherde besteht aus vierzig Kühen, in der Mehrheit Schwarzbunte.

Damals gab es für den Liter Milch zehn Cent mehr als für die konventionell produzierte, im Moment wird es immer weniger, gerade steht es bei nur 2,5 Cent mehr. Weniger Menschen kaufen die nicht ganz so billige Biomilch – die Verteuerungskrise durch den Ukrainekrieg macht sich bemerkbar.

Im Stall ist fast alles so, wie ich es vom heimatlichen Hof kenne, nur kleiner. Auch die Nachzucht behält man, eigentlich nur die weibliche, aber manchmal auch einen oder zwei Bullen.

Maria gibt mir ein paar Gummistiefel – meine habe ich nicht dabei –, und ich gehe mit ihr in den Stall. Auch hier turnen um uns herum die Katzen. Wir gehen über den Futtertisch, eine Kalbin, das ist, was wir im Norden eine Sterke nennen, hat gerade frisch gekalbt. Maria geht zu den Kühen rein, treibt sie vor den Melkstand, sperrt hinter ihnen ab, bewegt Gatter hier- und dahin, sodass alle nur durch den Melkstand wieder in den allgemeinen Stall und zum Futtertisch kommen, sich die bereits gemolkenen Kühe nicht mit den noch nicht gemolkenen vermischen können.

Ich gehe mit Maria die Metalltreppe in die Melkergrube runter, rechts und links hängt das Geschirr für je vier Kühe – ein moderner Doppelvierer ist es, alles noch sehr neu hier und gut gepflegt wie alle Melkstände, die ich bisher gesehen habe.

Jetzt verteilt Maria kleine Eutertücher auf den Rohren, die unten an den Grubenwänden entlanglaufen. Jede Kuh, erklärt sie mir, kriegt für jede Melkung ein frisches Tuch. Nach dem anfänglichen Abwischen des Euters und der Zitzen wird es beiseitegetan und am Ende eingesammelt, vor dem nächsten Gebrauch in der Waschmaschine gewaschen.

»Auch durch den Gebrauch desselben Eutertuchs können sich Keime von einer Kuh zur anderen übertragen«, sagt Maria.

Die Kühe kommen herein, acht Euter werden geputzt, acht Geschirre angelegt. Es ist leiser hier, als ich es sonst kenne. Wenn keine Milch mehr strömt, werden die Geschirre sukzessive wie von Geisterhand abgenommen – es ist eine frequenzgesteuerte Melkanlage, wie ich sie hier das erste Mal sehe. Beim Schlussdippen der Zitzen von Hand wird immer noch kurz kontrolliert, ob das Euter wirklich leer gemolken ist.

Während die Kühe alle gemeinsam hintereinander den Stand verlassen, schnappt sich Maria die an Schnüren hängenden Geschirre, steckt sie zum Säubern in die dafür vorgesehenen Buchsen, um sie zu desinfizieren, dann kommen schon die nächsten vier Kühe herein und gehen auf ihre Plätze. Als ich eine lahmende Kuh entdecke, frage ich, ob sie die Tiere durch ein Klauenbad gehen lassen. Nein, aber die Tiere können von Mai bis Oktober täglich nach draußen gehen. Im Moment überlegen sie allerdings, die Tiere lieber in der Nacht als tagsüber nach draußen zu bringen, weil es ihnen tagsüber zu heiß ist, da gehen sie einfach nicht raus.

Gegen Ende des Melkens kommt auch Anton hinzu. Sie sorgen gemeinsam dafür, dass auf der einen Seite des Melkstands nur noch drei zu melkende Kühe in ihren Ständen stehen, und treiben die Frischgekalbte als vierte freundlich, aber bestimmt hinzu. Die Kalbin ist das erste Mal im Melkstand, alles ist neu für sie, aber dass da schon Kolleginnen stehen, macht die Sache für sie etwas weniger beängstigend.

Maria und Anton halten Körperkontakt, legen Hände auf Schenkel und Rücken der jungen Kuh, zudem drückt Anton, der hinter ihr oben im Stand steht, ihren Schwanz hoch, was für sie sicher etwas schmerzhaft ist, er lässt immer nach, sobald sie ruhig steht, reibt beruhigend den Rücken, drückt aber wieder etwas nach, wenn sie unruhig wird. Maria putzt mit dem Tuch das Euter, ihre andere Hand liegt am Schenkel der Frischgekalbten, sie legt umsichtig und mit sicheren Griffen das Geschirr an, achtet darauf, dass weder das Tier verunsichert noch sie selbst verletzt wird, etwa von den Klauen, wenn sich doch einmal drohend ein Bein hebt.

Die Kalbin gibt langsam die Biestmilch her, das Kolostrum, eine gelbe, dicke Flüssigkeit strömt durch die Zitzenbecher und den Extraschlauch in den Eimer. Es ist ein nur zögernder Fluss, aber es muss erst einmal nur für das Kalb reichen, also zwei oder drei Liter. Zwölf Wochen bekommen die Kälber bei ihnen Vollmilch.

Sehr ruhig bleibt alles, die Kalbin und die Menschen, und als schließlich das Geschirr abgenommen wird, verlassen zuerst die drei erfahrenen Kühe den Stand, mit der Novizin im Schlepptau, die schnuppernd und zögernd und sich dann doch beeilend hinausgeht, damit sie bloß nicht die anderen aus dem Auge verliert. Jetzt muss noch das Geschirr vom Kolostrum besonders gut gereinigt und das Kalb getränkt werden.

Aber als ich höre, dass die Milchkuhherde der Nachbarin Anneliese Hecktor von der Weide geholt und durchs Dorf zum Stall getrieben wird, hält es mich nicht mehr im Stall. Ich möchte das Gehen der Kühe sehen, das rhythmische Nicken mit den großen Köpfen, wenn sie im geschäftigen Gang in den Stall zum Melken gehen. Und so ist es dann auch. Das Nicken ist da, das trockene, sanfte Klacken der Klauen auf der Straße. Alle sind sie von der nahen Weide losgegangen, ein Teil der Herde zieht als kleiner Haufen, andere haben sich im Gänsemarsch hintereinander eingefädelt. So spazieren sie durchs Dorf und an der Kapelle vorbei, hinter ihnen auf dem Fahrrad der Treiber.

Es ist ungefähr 18 Uhr. Später höre ich, dass die Hecktors wegen der Hitze überlegen, die Tiere morgens noch zeitiger zur Weide zu bringen, was heißt, noch früher aufzustehen und zu melken, sie aber dann schon gegen 14 Uhr wieder reinzuholen, aus der Sonne raus und in den kühlen Stall. Dafür müsste allerdings noch mehr Gras gemäht und ihnen auch am Nachmittag schon vorgelegt werden, nicht erst am Abend für die Nacht.

Langsam zieht die Herde vorüber. Ein bisschen fremd sind sie mir, diese eher kleinen, schweren Kühe, das traditionelle Fleckvieh des Hecktor-Betriebs. Aber sehr heimatlich ist es mir zu sehen, wie sich die Herde auf dem Hof vor den beiden Kuhstalltüren aufteilt. In der Mitte steht die Bäuerin und passt auf, welche wohin geht, denn tatsächlich hat hier jede Kuh ihren Platz, d.h. eigentlich gehen sie von alleine durch die richtige Stalltür. Aber manchmal eben doch nicht, wie etwas gedankenverlorene Arbeiterinnen, die auch einmal in einen falschen Gang einbiegen. Am Ende stehen sie in ihren Fangbügeln, jede unter ihrem Namensschild. Da sind Dorte und Verena, Gaby, Alberta und Olivia. Neben dem Namen ist die Ohrmarkennummer verzeichnet.

Sie wirken ungemein zufrieden, wie sie da stehen. Aber womöglich sehen Kühe immer zufrieden aus. Manche kauen schon wieder, andere müssen noch umgestellt werden, da hilft die Bäuerin dann etwas nach, läuft ihnen im Mistgang hinterher – es ist ein Gitter über dem Schwemmschacht –, dirigiert ein wenig, alles in großer Ruhe. Dann wird die Melkmaschine angeworfen, deutlich lauter als im modernen Stall der Nachbarin. Mit einer Stange über der Schulter kommt Anneliese aus der Milchkammer, daran sind Vakuum- und Milchanschluss befestigt, die jeweils an die über den Köpfen der Kühe sich entlangziehenden Rohre angedockt werden, immer jeweils zwischen zwei Kühen. So wird durch je einen Schlauch das Vakuum der Melkmaschine zu den Zitzenbechern des Melkgeschirrs geführt und die Milch fließt durch den zweiten Schlauch in das Milchrohr bis zum Tank in der Milchkammer.

Die Fleckis, wie man sie auch liebevoll nennt, stehen geduldig, erfahren und in der vollkommenen Routine ihres Gemolkenwerdens, sie wirken wirklich etwas dickhäutiger und gemütlicher als die Schwarzbunten. Als Gattung, das fällt mir immer wieder auf, sind Rinder unglaublich geduldig und gemütvoll. Liegt das am Wiederkäuen? Man sollte sich mal unter eine Kamelherde mischen, denke ich, da ist es sicher ähnlich.

Auch hier laufen die Katzen um uns herum, ein wenig seitab stehen die jüngsten Kälber, neben ihnen wird der Bulle gehalten.

»A ganz a Lieba«, sagt Anneliese und streichelt im Vorbeigehen seinen Kopf. In seiner Nase ist der Ring, an dem er zu den Kühen geführt wird, hier werden die Kühe mit Natursprung gedeckt. Nur das Jungvieh ist nicht unter demselben Dach, wird in einem separat stehenden Laufstall großgezogen. Anneliese bemerkt kritisch, dass die Tiere sich im Laufstall angewöhnen, immer dorthin zu gehen, wo das beste Futter liegt. Auch als Kühe bleiben sie wählerisch, sagt sie.

Die auf diesem Hof praktizierte Kombinationshaltung von Anbindung und Weidegang wird vermutlich nur noch bis 2030 erlaubt sein, eben weil sie das Anbinden der Tiere beinhaltet. Wer kein Geld oder keinen Platz zum Bau eines Boxenlaufstalls – oder auch nicht genug Zuversicht für ein paar Jahrzehnte der Rückzahlung durch Viehhaltung überhaupt – hat oder haben kann, wird die Milchviehhaltung wohl aufgeben müssen.

Darüber sprechen wir aber nicht.

Anneliese ist seit ein paar Jahren Witwe, ihr Mann erlitt beim Füttern einen Herzinfarkt und starb. Ihr erwachsener Sohn Christian macht all jene Arbeiten, die Männer machen, wenn Frauen melken. Ich sehe ihn Gras reinholen mit dem Ladewagen, das auf dem breiten Futtergang abgeladen wird – das Futter für die Nacht. Er mistet die Boxen der Kälber und der Bullen aus, kümmert sich um die Schwemmentmistung. Anneliese liebt ihre Kühe, ist öfter mal mit einem Tier zur Tierklinik nach München gefahren, das sind immerhin mehr als achtzig Kilometer, und teuer ist die Behandlung auch. Einmal hatte das Kalb Gabrina eine Blinddarmverlagerung.

»Und anders als wir Menschen brauchen die Kühe ihren Blinddarm!«

Ein andermal sagte ihr die Klinikärztin, als sie ein geheiltes Kalb abholte, ein solches Kalb hätten sie noch nie gehabt, so handzahm sei es gewesen.

»Ja, das ist bei uns ein Familienmitglied«, hat sie da zu ihr gesagt. Und sie sagt es auch mir gerne noch einmal.

Als nach anderthalb Stunden die Melkmaschine schließlich ausgestellt wird, ist das, wie immer, ein Ausatmen für alle.

Die Hitze des Tages lässt uns selbst am Abend noch nicht los. Wir sitzen im Garten, trinken Wasser und unterhalten uns, da kommt kurz vor dem Dunkelwerden noch eine dritte Nachbarin in den Garten meiner Gastgeberin. Frau Zahn fragt nach, ob wir noch hochgehen wollen, um ihre Herde von Murnau-Werdenfelser-Rindern anzuschauen. Im Moment sind es etwa dreißig Kopf Vieh auf der Weide, und bald könne man sie in der Dunkelheit nicht mehr sehen, auch weil sie sich zum Abend hin in den Wald verziehen. Da gehen wir jetzt gerne noch auf einen Abendspaziergang den Hang hinauf zu dieser robusten alten Landrasse aus Oberbayern, wie sie gerne genannt wird. Gleich am Anfang der Weide empfängt uns eine wunderschöne Kuh, beinahe ganz weiß mit dunklen Augen und einem noch helleren Weiß um das schwarze Flotzmaul. Sie frisst ein wenig Heu im Unterstand, eine kleine Zugabe Raufutter, sonst gibt es nur das Gras der Weide und das Salz der Lecksteine. Auf der Weide stehen in der langsam einfallenden Dämmerung rot- und dunkelbraune Tiere mit kleinen Eutern, ein paar junge Ochsen sind dabei und Kälber. Der Altbulle hat sich wohl an den Waldrand verzogen.

Familie Zahn hat sich seit ein paar Jahren diese Herde aufgebaut. Nach Eintritt in den Ruhestand hat sich ihr Mann nach einem erfüllten Berufsleben als Arzt bzw. Klinikdirektor einen Herzenswunsch erfüllt und einen Bauernhof gekauft, erzählt Frau Zahn. Die Spezialität ist auf diesem Hof die Züchtung alter Haustierrassen. Es gibt die Zucht von alten Hühner-, Hunde- und Schafsrassen, aber das wichtigste Tier ist das Rind. Auf 35 Hektar Weide und Wald wird eine Mutterkuhhaltung betrieben. Tatsächlich waren die Murnau-Werdenfelser einmal eine typische Dreinutzungsrasse, neben Fleisch und Milch boten die Tiere ihre große Zugkraft und waren wegen der starken Klauen und ihrer großen Trittsicherheit an den Hängen und im Wald zum Holz-Rausholen beliebt. Man muss schon ein bisschen investieren, sagt Frau Zahn, wenn man so eine Herde hält – für die Sicherung der Zäune und manchmal einen Tierarztbesuch. Und Zeit aufbringen für die ganze Viehhaltungsbürokratie mit Ohrmarken, Geburts- und Abgangsdaten muss man natürlich auch.

Aber immerhin muss man nicht melken, und die jungen Ochsen werden an einen Mäster zum Fertigmästen verkauft. Es gibt immer mehr Restaurants, die sich ihr Rindfleisch gerne gezielt von dem Schlachter holen, an den der Masthof die Murnau-Werdenfelser der Zahns liefert.

Als wir oben am Hügel ankommen, steht ein paar Minuten lang noch ein rötlicher Himmel über den gerade noch blauen Bergen und gegen eine sehr dunkelgrüne, fast schon schwarze Wipfellinie des Waldes. Dann gibt es gleich nur noch den roten Himmel und eine schwarze Bergsilhouette. Es ist still und langsam spürt man eine leichte Abkühlung.

An diesem Abend und nach den vielen Erzählungen von den hiesigen Kühen und dem hiesigen Bauersein und nach den Blicken zu den Bergen bin ich fast überzeugt, dass ich, wenn ich hier aufs Dorf ziehen würde, auch bald ein bisschen Bayerisch sprechen würde – oder das, was ich als Norddeutsche dafür hielte.

Auf der langen Zugfahrt zurück in den Norden denke ich an die unterschiedlichen Menschen und Tiere, die ich auf meinen Besuchen bisher getroffen habe. Mir fällt auf, wie viel näher die Melkenden ihren Tieren sind als die Mäster. Der permanente Umgang mit Trächtigkeit, Geburt und nachgeburtlicher Gesundheit führt zu einer intensiven Beobachtung und Pflege, und auch die zweimal tägliche, körperliche Berührung des Melkens bringt eine größere Nähe von Tieren und Menschen mit sich. Und die Beziehung ist deutlich gegenseitig. Dass es allerdings auch anders geht, erlebe ich bei meinen nächsten beiden Besuchen im Osten der Republik.

In den Osten

SEHR FRÜH FAHRE ICH mit dem Auto in Berlin los, um nicht in die vorhergesagte Hitze des Tages von 35 Grad zu geraten. Aber ein paar Baustellen verlangsamen meine Fahrt zu einem kleinen Ort in Mecklenburg-Vorpommern, kurz vor der Grenze zu Schleswig-Holstein. Umso mehr Zeit habe ich, nachzudenken über meine Hofbesuche und was sie bezwecken sollen. Meine Sympathie für Milchbauern und -bäuerinnen, auch mein Respekt für ihr Können und ihre Arbeitsleistung wächst weiter. Aber wonach ich genau suche, scheint mir immer noch schwer fassbar. Bin ich womöglich auf der Suche nach Argumenten gegen alle Feinde der Viehhaltung? Oder bin ich schon zufrieden, wenn ich wieder auf Höfen umherstapfen kann, zwischen Menschen und Tieren, unter Bäumen und in Scheunen und Ställen? Ist meine Reise durch die Kuhställe nur ein privater Trip, am Ende womöglich Nostalgie?

Schon von der Straße aus sieht man die Anlage von Dieter Larson.* Riesige Stallungen liegen rechts, zwei Getreidesilos, überdachte Flächen zur Lagerung von Gras- und Maissilage und Getreide. Daneben ein großes Wohnhaus mit eigener Zufahrt.

Alles ist neu. Die Auffahrt zum Haus wird gesäumt von Pferdekoppeln, auf denen ein paar Stuten mit ihren Fohlen stehen, der Boden wirkt braun, das Gras verdorrt, die Pferde zupfen ein wenig daran herum, ihre Fohlen liegen flach. Im Näherkommen wird noch ein verbindendes Gebäude zwischen Wohnhaus und Rinderställen als Pferdestall deutlich – mit etwa zwanzig Einstellpferden, wie ich später höre. Hier mieten sich Pferdebesitzerinnen, die keinen eigenen

* Larson ist nicht der tatsächliche Name meines Gesprächspartners; zum Schutz seiner Familienangehörigen möchte er den Familiennamen nicht preisgeben.

Stall haben, Boxen für ihre Reitpferde. Ich parke das Auto. Im Moment ist kein Mensch im Haus oder drum herum zu sehen. Nach ein paar Minuten kommt der Hausherr mit dem Pick-up angefahren. Er war von meinem Vorschlag, seinem Betrieb einen Besuch abzustatten, nicht begeistert – und ist es offenbar auch jetzt noch nicht. Vielleicht fragt er sich, warum er zugesagt hat, mir seinen Hof zu zeigen, einer Journalistin, die ihm womöglich nur Massentierhaltung vorwerfen und irgendwelche Fehltritte in Sachen Tierwohl aufspüren will. Ich hatte seinen Betrieb eher blind aus dem Internet gefischt. Mein einziges Kriterium war, dass mehr als 1.000 Kühe gemolken werden sollten, denn so eine Wirtschaft konnte ich mir überhaupt nicht vorstellen. Und um es gleich zu sagen: Solche Zahlen an Milchkühen gibt es auch in Biobetrieben.

Wir gehen los.

Natürlich wäre ich auch mit der Führung durch einen Angestellten zufrieden gewesen, aber jetzt, während der Betriebsbesichtigung, verstehe ich besser, warum der Chef es lieber selbst machen will. Es geht um die Logik des Unternehmens, oder wie man heute sagt, das Narrativ, die Erzählung von den Anfängen bis heute.

Dieter Larson stammt von einem Moorhof in Schleswig-Holstein, sein Vater hat schon 1972 einen Laufstall für hundert Kühe bauen lassen. In den 1980er-Jahren besuchte der Sohn als Neunzehnjähriger das erste Mal große Milchbetriebe in den USA und wusste gleich, dass es das war, was er machen wollte. Nach der Ausbildung, so seine Planung, würde er nach Dänemark auswandern und dort einen Betrieb aufmachen. Denn er hatte eine Karte der geplanten Wiedervernässungen der Moore Schleswig-Holsteins gesehen und verstanden, dass es keine landwirtschaftliche Zukunft auf dem väterlichen Hof geben würde, jedenfalls keine, die ihn interessierte, nämlich unter enormen Auflagen und Beschränkungen der Viehhaltung. Dann kam der Mauerfall und er fuhr in den Osten.

»Beim Anblick dieser großen Äcker ging einem Bauern ja das Herz auf«, sagt er.

Mit Mitte zwanzig verkaufte er den väterlichen Betrieb und kaufte das Land einer ehemaligen LPG. Heute besteht die bearbeitete Fläche des Betriebs aus 2.200 Hektar, mehr als die Hälfte davon sind gepachtet. Meine Frage nach den Pachtpreisen bleibt in der Luft hängen. Gebaut und erweitert wurde jeweils 2008/9, 2010/11, und 2014 kam der Abkalbe- und Krankenstall hinzu, 2016 noch ein Stall für Jungrinder.

Angefangen hat Larson mit dreihundert Kühen und zehn Mitarbeitern, innerhalb von sieben Jahren war er bei 1.000 Kühen, inzwischen werden 1.750 Kühe gemolken und die eigene Nachzucht großgezogen. Sehr schwierig war die Suche nach Personal. Aus der hiesigen Region wollte keiner Schichtdienst im Stall machen. Denn hier wird Tag und Nacht gemolken. Schließlich wurde er bei der Suche nach Mitarbeitern und Mitarbeiterinnen in Polen fündig – und von dort gibt es seither einen stetigen Strom, sagt er. Der eine brachte seinen Cousin, die andere ihre Nachbarin, die wieder ihre Schwiegermutter, und so geht es weiter.

Bei der Besichtigung unter sengender Sonne begegnen uns mehrmals einige wenige Menschen, etwa zwei junge Frauen, die bei den Kälbern arbeiten, eine ist gerade mit dem Milchtaxi unterwegs. Sie werden vom Chef kurz von Weitem gegrüßt, keiner scheint zu erwarten, vorgestellt zu werden. Einmal fragt Larson einen Mitarbeiter, wie »sie sich macht«, gemeint ist eine der jungen Frauen mit Milchtaxi. Gut, heißt es.

»Eine neue Praktikantin«, sagt er zu mir im Weitergehen. »Gestern haben drei Neue angefangen.«

Wir besuchen die Kuh- und Kälberställe, im Hintergrund wird Gras eingebracht und zu riesigen Silageanlagen gefahren. Im Abkalbe- und Krankenstall liegen sechzig bis siebzig Kühe auf Stroh. Es gibt die Gruppen vor der Kalbung, die Frischgekalbten und die, die nach der Kalbung noch zur Beobachtung hierbleiben müssen. Neben ihnen eine Gruppe mit anderen erkrankten Kühen, ein paar Lahmende zum Beispiel. Für sie gibt es hier einen eigenen Melkstand.

»Wir sind fast antibiotikafrei«, sagt Dieter Larson.

Nach draußen auf die Weide kommt außer Jungrindern und Trockenstehenden keine Kuh.

»Das bringt überhaupt nichts. Bei dieser Trockenheit wächst gar nicht genug Gras.« Außerdem müsste man gegen die Wölfe enorme Zaunanlagen bauen.

In den Kuhställen werden die Kühe in vielen verschiedenen Gruppen getrennt voneinander gehalten. So werden etwa bei den die Kalbung erwartenden Tieren die Färsen von den Kühen getrennt, auch die frisch gekalbten Färsen bleiben in ihren eigenen Gruppen. Diese Trennung zieht sich durch alle Ställe, höre ich, auch unter den melkenden Kühen werden die Jungkühe noch ein Jahr lang in getrennten Gruppen gehalten.

»Das gibt weniger Unruhe.«

Wir gehen weiter zum nächsten Gebäude und über den Futtergang in den hallenartigen Stall hinein. Gefüttert wird hier morgens und abends per riesigen Futterwagen, die im Futtergang ihre Mischung abladen, tagsüber müssen zwei Arbeiter, die ausschließlich mit der Fütterung beschäftigt sind, alle zwei Stunden das Futter zurückschieben – Kühe wühlen das Futter gerne etwas auseinander und werfen es beim Fressen nach vorne. Entmistet wird per Faltschieber, Mist und Jauche fließen in einige sehr schmale, ein Meter tiefe Betonkanäle. Die sich in ihnen sammelnde Gülle fließt weiter zu großen Behältern und wird von dort direkt in die zum Hof gehörige Biogasanlage gepumpt, in der Strom erzeugt wird.

Wir gehen draußen an einer Reihe von Kälber-Iglus vorbei, den kleinen Höhlen aus weißem Hartplastik, die mit Stroh eingestreut und einem Trinkeimergestell für die kleinsten Kälber ausgestattet sind. Etwas weiter entfernt stehen große Iglus für Gruppen größerer

Tiere – und demnächst soll es welche geben, in denen die Kleinsten zu zweit sein können, da die Einzelhaltung bald nicht mehr erlaubt sein wird.

Jetzt hagelt es Zahlen, ich schreibe eifrig mit.

Es gibt 180 Kalbungen monatlich, durchschnittlich sechs täglich, die Neugeborenen sind höchstens zwei Stunden bei der Kuh. Der Besamungstechniker verbringt täglich vier Stunden auf dem Hof, dabei werden die Färsen grundsätzlich mit gesextem Sperma besamt, um Kuhkälber auszutragen, die sind kleiner und die Geburten unkomplizierter. Die zweite Besamung geschieht dann mit normalem Sperma von Holstein-Friesen, ab dem dritten Kalb wird mit dem Sperma einer Fleischrasse besamt, meistens ist es das von Weißblau-Belgiern.

Langsam bewegen wir uns über den Hof auf die Melkanlage zu, das Herzstück des Hofes. Und wieder Zahlen: Gemolken wird 24 Stunden am Tag in Schichten von je acht Stunden, die Uhrzeiten der Schichten sind 04 – 12 Uhr, 12 – 20 Uhr, 20 – 04 Uhr. Jede Kuh wird dreimal in 24 Stunden gemolken, durch eine dritte Melkung erhöht sich der Milchertrag um 10 bis 15 Prozent. In denselben Schichten wie das Melken geht auch das Füttern vor sich.

Die Lebensdauer der Kühe beträgt sechs bis sieben Jahre, das sind durchschnittlich vier Kalbungen pro Kuh, also vier Laktationsperioden. Man arbeitet daran, auf fünf Laktationen zu kommen. Die Gesundheit der Kühe wird mit Sendern erfasst. Die Daten werden zu einem Profil zusammengerechnet, besonders die Kautätigkeit ist ein wichtiger Indikator. Es gibt auf dem Gelände dafür 180 WLAN-Sender. Bei genauer Beobachtung und Interpretation der Daten werden so sich anbahnende Krankheiten gefunden.

»Die Kuh, die heute auffällt, ist morgen krank. Es geht darum, vorher einzugreifen.«

Drei Herdenmanager arbeiten auf dem Betrieb, sie sind Agraringenieure, ein Vierter ist Leiter des Ackerbaus. Es gibt zudem zwei Auszubildende und im Moment eine Praktikantin, sie will Tiermedizin studieren und arbeitet sechs Wochen lang in allen Bereichen des Hofes. Außerdem hat Dieter Larson durch persönliche Bekanntschaft einmal im Jahr eine Gruppe von angehenden Veterinären von der Tierärztlichen Hochschule Wien hier zu Besuch. Die Gesundheitsparameter seiner Kühe werden regelmäßig ihrer Prüfung unterzogen.

In den Ställen stehen und liegen die Kühe, sie schwitzen bzw. können nicht gut schwitzen, man sieht nur, dass sie von den 35 Grad im Schatten ziemlich schlapp sind. Einige stecken die Zunge raus und hecheln wie Hunde, ein paar stehen mit dem Oberkörper höher als die anderen, sie haben sich mit den Vorderfüßen in die Tränkebecken gestellt.

»Sie kühlen sich die Füße«, sagt Larson.

Wie gerne sie dann anschließend dieses Wasser saufen, frage ich jetzt nicht. Später höre ich, dass die Tränkebecken dreimal täglich gesäubert werden.

Über den Kuhrücken wirbeln je zehn Ventilatoren auf 5.500 Quadratmetern. In dem Stall, in dem die Kühe im Gang zum Melken Schlange stehen, stäubt einer der Ventilatoren kaltes Wasser über sie zum Abkühlen. In diesem Stall ist es, so scheint mir, wesentlich enger für die Tiere als im Kalbe- und Krankenstall. Etwas anderes als in den Boxen liegen, rumstehen und kauen ist da nicht drin. Gehen besteht aus den Gängen zum Melken und zurück, zum Fressen und zum Liegen.

Was würden sie sonst tun? – In Gruppen herumstehen, sich lecken, etwas kabbeln, boxen. Aber das tun sie hier auch, scheint mir. Und es riecht hier womöglich etwas weniger streng als im Stall meines Bruders – das könnte an der heute sehr trockenen Luft liegen oder daran, dass die Gülle hier immer sofort abfließt und sich nicht wochen- und monatelang in den Kellern unter den Kühen sammelt.

Warum ist mir der Anblick dieses Riesenstalles voll mit Hunderten von Kühen dennoch so wenig angenehm?

Jetzt sind wir vor dem Melkstand angekommen, einem zwanzig oder dreißig Meter langen Gang. Rechts und links stehen auf Taillenhöhe die Kühe, Hinterbeine und Euter den Melkenden zugewandt. Im Moment arbeiten hier ein Mann und eine Frau, es herrscht ein hohes Tempo. Die Frau hat ihren Bereich näher bei uns. Vor und hinter ihr stehen pro Seite zwölf Kühe, zwischen den Hinterbeinen hindurch werden die Euter im Eiltempo mit Bürste und Wasser gewaschen, Nr. 1 bis 12, dann den Gang zu Nr. 1 zurück und jetzt Geschirre anlegen von Nr.1 bis 12, dann umdrehen und das Gleiche auf der anderen Seite wiederholen, Euter waschen Nr.1 bis 12, Geschirre anlegen Nr.1 bis 12. Wenn eine Kuh ausgemolken ist, fällt auch hier das Geschirr automatisch ab und wird von einer Schnur aufgefangen. Die beiden Melkenden bedienen jeder 24 Kühe gleichzeitig, wenn zwölf nach vorne rausgehen, kommen die nächsten zwölf herein. Im Hintergrund arbeitet ein dritter Arbeiter pro Schicht beim Melken, er treibt die Kühe zu und säubert ihre Boxen.

Diese Arbeiter kriegen anfangs zwölf Euro die Stunde, mit Deutschkenntnissen fünfzig Cent mehr, das ist zu diesem Zeitpunkt oberhalb des Mindestlohns.

»In Polen«, sagt Herr Larson, »kriegen sie drei Euro«.

Mehrmals betont er, dass sie hier nur »die drei Handgriffe« machen, die zum Melken nötig sind.

Ich denke daran, dass früher die Melker, die auch Schweizer genannt wurden, die am besten qualifizierten und bezahlten Arbeiter auf den großen Gutshöfen des Ostens waren, so hat es unser Vater erzählt. Mein Großvater hat in der 1920er-Jahren einige Zeit als Wirtschafter auf solchen Betrieben gearbeitet. Aber natürlich gehörte damals alles zur Arbeit der Melker hinzu, was heute Herdenmanager tun – und GPS-Sender.

Dann höre ich wieder Dieter Larson zu.

Fünfzig Prozent der Arbeit auf dem Hof besteht aus dem Melken selbst. Es sei ein Prozess von fünfzehn bis zwanzig Jahren gewesen, bis alles so gut läuft wie jetzt. Durch bestimmte Managementtools, etwa ein Benchmarksystem, weiß er immer, wie der Betrieb performt, beispielsweise, dass sich etwa im Moment nur 0,3 Prozent der Gesamtherde in medizinischer Behandlung befindet, das sei eine extrem niedrige Quote.

Nach der Besichtigung gehen wir für einen kleinen Moment noch ins Haus. Bei ein paar Gläsern Wasser sprechen wir weiter über das Unternehmen. Die Frage der Mitarbeiter nimmt einen großen Raum ein, sie hat ihm anfangs mehr Sorgen bereitet, sagt Dieter Larson, als alle betriebswirtschaftlichen, technischen und veterinären Probleme zusammen. Aber ab fünfhundert Kühen sei es einfacher geworden, weil man die Arbeitsplätze stärker spezialisieren und auch Leute gezielt einsetzen kann.

Am Anfang sei es jedoch extrem schwierig gewesen, überhaupt Menschen etwa hier aus der Region zu finden und zu halten. Inzwischen ist Larson mit der Lösung des Problems sehr zufrieden. Junge Menschen kommen für drei bis vier Monate aus Polen, wollen möglichst fünfzig bis sechzig Stunden pro Woche arbeiten und dann zurückgehen; Zimmer und kleine Wohnungen werden vom Betrieb vermittelt.

»Insgesamt zehn Mitarbeiter sind auch mit ihren Familien da, die Kinder gehen hier zur Schule, und eine der Frauen unterrichtet Landsleute in Deutsch. Das funktioniert sehr gut.« Und eine Angestellte ist ausschließlich damit beschäftigt, den Mitarbeitern bei den ganzen Dokumentationen und Papieren für die verschiedenen Ämter zu helfen.

»Wir haben sogar eine Warteliste, vor allem von Unverheirateten«, sagt er.

Auf dem Rückweg geht mir durch den Kopf, dass das Prinzip eines Milchviehbetriebs eigentlich immer gleich ist. Nur sind die Ausmaße, die Massen an Futter, Exkrementen, an Milch und Kälbern nahezu unvergleichlich.

Aber vielleicht kommt es ja genau darauf an, auf das Maß. Weil es auf die Beziehung ankommt. Von Mensch und Tier und den Menschen untereinander. Vielleicht ist es die Frage, wie man leben will.

Auch mein nächster Termin ist in einem der neuen Bundesländer, diesmal in Brandenburg, und obwohl im Betrieb der Familie Simon die Milch der Kühe nur ihre Kälber bekommen, fahre ich trotzdem zu ihnen nach Michaelisbruch. Mutterkuhhaltung hat mich immer ein bisschen von ferne interessiert, weil es so nett aussieht, die Kühe mit den Kälbern auf der Weide zu sehen. Aber diese Form der Haltung hat, außer bei Bauern wie Björn Scherhorn, nichts mit Milchviehhaltung zu tun, sondern ist die Erzeugung von Rindfleisch.

Lange sitzen wir an diesem noch einmal sehr heißen Tag auf der schattigen Veranda zusammen und unterhalten uns, bevor es losgeht zur Koppelrunde. Die beiden Hütehunde, die das eingezäunte, weitläufige Gehöft bewachen, haben sich nach meiner Ankunft langsam beruhigt. Während wir alle wieder viel Wasser trinken, frage ich nach der Geschichte des Betriebs. Um den großen Tisch sitzen Vater Ulf und Tochter Frieda, dazugesetzt hat sich ihr Mann Max, der sich während unseres Gesprächs um die gut gelaunte, ein paar Monate alte Tochter Edda kümmert.

Die Familie lebt seit dem 18. Jahrhundert, genau seit 1776 hier im Neuruppiner Land. Aus dem Schwarzwald ist sie gekommen, erzählt Ulf Simon, und erhielt, vom Brandenburger König angeworben, fünf Morgen Land im benachbarten Bartschendorf, ursprünglich waren sie als Hugenotten, protestantische Flüchtlinge aus Frankreich, eingewandert. Ulf Simons Großvater hat Landwirtschaft gelernt und besaß am Ende des Zweiten Weltkriegs einen Hof von 23 Hektar, aber er musste das Land in den frühen 1950er-

Jahren in die LPG – Typ 1 Feldbau – einbringen. Sein Sohn, also Ulf Simons Vater, wurde Fachmann in der Saatgutbereitung der DDR, er selbst lernte Kesselbau, spezialisierte sich aber als Hufbeschlagschmied. Gleich nach der Wende gründete er mit seinem Vater eine GbR, eine Gesellschaft bürgerlichen Rechts, und sie bekamen als sogenannte Wiedereinrichter das alte Ackerland zurück.

»Wir haben dann schnell gemerkt, dass man mit 23 Hektar heute nicht mehr viel machen kann«, sagt Ulf Simon. Bald bildeten fünfzig Hektar die Grundlage für einen Mischbetrieb mit Ackerbau und extensiver Mutterkuhhaltung auf Grünland. Es gab damals einen finanziellen Anreiz, die sogenannte Mutterkuhprämie, die ihnen die Anschubfinanzierung für die Kühe erleichterte. Anfangs hielten sie Simmentaler Fleckvieh, das eher milchbetont ist. Aber das funktionierte nicht so gut, wie überhaupt der Beginn eine Zeit des Ausprobierens und Fehlermachens war. Seit 2004 haben sie umgestellt auf die genetisch hornlosen Angus, die weltweit dominante Fleischrasse, und sind damit sehr zufrieden. Seinem Vater, so Ulf Simon, war die Selbstvermarktung wichtig, also betrieb man einige Jahre auch einen Hofladen für das Fleisch aus eigener Zucht. Der musste aus arbeitsökonomischen Gründen schließlich aufgegeben werden, und der Vater nutzte dann den Zerlegeraum weiterhin für privat geschlachtete Tiere von Nachbarn und Jägern.

Inzwischen bewirtschaftet die Familie vierhundert Hektar, davon sind die Hälfte Grünland, die andere wird beackert, etwa 250 Hektar sind eigenes Land. Unter anderem bauen sie Grassaat an, hinzu kommen Mais und Triticale, dreißig Hektar sind dem Kartoffelanbau vorbehalten. In diesem Jahr sind auch Sonnenblumen angebaut worden, denn wegen des Krieges wird die ukrainische Ernte wohl noch einige Zeit nicht ausreichen für den Speiseölbedarf des Landes. Daneben verkaufen die Simons tausend Tonnen Heu vom ersten Schnitt jährlich nach Berlin an Händler, die ihrerseits Pferde- und Reitbetriebe beliefern. Selten wird auch Stroh verkauft, lieber arbeitet man es in die eigenen Böden ein – für den Erhalt und die Verbesserung der Bodenfruchtbarkeit.

Im Familienbetrieb arbeiten neben Ulf Simon und Ehefrau Heike, die den großen Haushalt und die Buchführung macht, inzwischen auch Sohn Franz als staatlich geprüfter Techniker im Landbau und Tochter Frieda, die Landwirtschaft studiert hat. Geplant ist ein dritter Betriebsstandort, den man der alten Hofstelle des Großvaters, auf dem Sohn Franz mit seiner Familie lebt, und dem aus den 1990er-Jahren stammenden Hof, auf dem wir uns gerade befinden, hinzufügen will. Frieda hat ihr Studium kürzlich beendet und möchte mit ihrer Familie sehr bald ein Haus bauen. Ihr Mann stammt aus Berlin und arbeitet in der Nähe als Lehrer. Auf dem neuen Standort soll auf einer nahe gelegenen Weide dann auch ein Maststall für etwa hundert Jungrinder gebaut werden, sodass man die sogenannten Absetzer – zehn bis zwölf Monate alte Jungtiere nach ihrem Aufwachsen auf der Weide – noch maximal ein Jahr in einem Boxenstall auf Stroh mästen kann. Das ist aufwendig, aber wegen Fragen des Tierwohls und der öffentlichen Meinung will man es so machen und also keine Gülle produzieren, sondern traditionellen Mist mit Stroh gemischt. Frieda kümmert sich außerdem um die Genehmigung zum Weideschuss, d. h. dass die zu schlachtenden Tiere auf der Weide erschossen werden dürfen und nicht den angstbesetzten Transport ins Schlachthaus erleben müssen. Dazu würde man eine jener mobilen Schlachtanlagen kommen lassen, die zunehmend benutzt werden. Aber leider sind, so höre ich, nicht alle regionalen Kreistierärzte, die den Weideschuss genehmigen müssen, von dieser Schlachtmethode überzeugt.

Endlich fahren wir los zum Koppelrundgang. Zuerst geht es über befestigte Wege, an vielen Gräben und Kanälen vorbei oder über sie hinweg. Sie führen nach so langer Trockenheit nur noch wenig Wasser. An den Rändern wachsen Birken und Sträucher und es geht tiefer ins Moor hinein über unbefestigte, staubige Wege. Ich erkenne das beweidete, extensive Grünland aus meiner Kindheit wieder – mit seinem schütteren Grasbewuchs und den stehen gebliebenen Pflanzen, z. B. dem rötlich aussamenden Ampfer, der von den Rindern verschmäht wird. Die Ländereien bestehen hier aus Niedermoorböden mit Sandlinsen, sagt Ulf Simon, in den Moorsenken steht oft Wasser. Im Moment ist zwar kein Wasser in Sicht, aber das Grün dort ist saftig dunkel.

An einer Wegkreuzung befindet sich eine kleine Lagerungsfläche für Geräte, auf der auch ein Fressstand steht zur zusätzlichen Fütterung vor allem im Winter, und ich sehe Heu- bzw. Siloballen am Rand gestapelt. Vater und Tochter kontrollieren nebenbei die Wasserversorgung – Schläuche, Ventile, Wasserstand der Gräben – und ob Strom auf den Drahtzäunen ist. Täglich dauert die Runde zwei Stunden.

»Manche dachten schon, nach der aktiven Zeit des Melkens könnte man als Rentner noch ein paar Mutterkühe laufen lassen. Aber die merken schnell, das ist auch Arbeit, wenn man es ordentlich machen möchte«, sagt Ulf Simon.

Wir treffen auf die erste Rindergruppe. Im Vergleich mit den Schwarzbunten sind die Anguskühe eher kurzbeinige, rundliche Tiere mit rotbraunem Fell, einige sind auch schwarz. Die rotbraunen und schwarzen Angusrinder haben kleine, dunkle Euter, und bei ihnen stehen und liegen die ein paar Monate alten, kräftigen Kälber. Auch ein Altbulle ist dabei. Allesamt halten sie sich heute im Schatten einer Baumgruppe auf, wehren müde mit den Schwänzen die Insekten ab. Große Hitze macht Rindern generell mehr zu schaffen als große Kälte.

Es werden hundert Mutterkühe in vier Gruppen gehalten, mit ihnen laufen die Altbullen, Kälber und Jungrinder, insgesamt kommt der Betrieb wohl auf zweihundert Großvieheinheiten. Die Bullen werden Anfang Juni zu den Kühen gebracht, höre ich. Sie laufen ein paar Monate mit, sodass achtzig Prozent der Kalbungen von März bis April zu erwarten sind. Anguskühe sind in der Regel leichtkalbig und bringen ihre Kälber alleine auf der Weide zur Welt. Optimal ist, wenn ihre höchste Milchleistung nach der Kalbung und das frische Gras im Mai zusammentreffen, sodass die Kälber in jedem Fall genug Milch bekommen. Angus-Mutterkühe sollten insgesamt zehn Kälber bekommen, also zehn Laktationsperioden erleben, d.h. sie werden etwa zwölf Jahre alt. Bei der Bullenwahl zielt man für die Nachzucht auf milchstarke, fleischige Tiere. Die Bullen werden nach drei Monaten aus den Kuhherden herausgenommen und bilden zusammen eine kleine, getrennte Weidegruppe, während die Kälber und Jungrinder sieben bis acht Monate mit den Kühen mitlaufen, wobei man die Kühe mit ihren Bullenkälbern und die Kühe mit ihren Kuhkälbern in getrennten Herden hält.

»Sonst haben die halbjährigen Färsen alle vier Wochen keine Ruhe vor den jungen Bullen«, sagt Ulf Simon.

Wir gehen gemütlichen Schrittes auf die Herde zu. Sie sind an Menschen gewöhnt und haben, sicher auch wegen der Hitze, wenig Lust aufzustehen. Schließlich erhebt sich der schwarze Bulle doch, steht unschlüssig da, vielleicht merkt er, dass er vorgeführt werden soll. Ja, er ist ein schönes Tier und nicht so riesenhaft viel größer als die weiblichen Tiere wie das bei anderen Rassen oft der Fall ist. Ulf Simon geht zu ihm und kratzt ihm ein bisschen den Rücken. Dass sie ›kuscheln‹ wäre zu viel gesagt, aber Mensch und Tier begegnen sich freundschaftlich. Als ich das später anmerke, lachen Frieda und ihr Vater. Aber sie werden auch schnell wieder ernst.

»Es ist der zahme Bulle, der den Bauern tötet.«

Mit anderen Worten, es ist keine gute Idee, sich mit so einem Bullen auf eine spielerische Rangelei einzulassen.

Frieda sieht inzwischen nach Zaun, Tränke und Minerallecksteinen. In denen sind Selen und Kupfer enthalten, im Winter auch zusätzliche Vitamine. Nebenbei werden Kühe und Kälber gezählt und ihr Zustand geprüft. Es geht offenbar allen gut, sie wollen sich heute durch nichts stören lassen, Hitze und Insekten sind anstrengend genug.

Als ich später Friedas kleinen Film über die landwirtschaftlichen Arbeiten auf dem Hof im Rhythmus des Jahres ansehe, finde ich darin auch viele echte Stresssituationen für die Tiere. Die entstehen, wenn sie eingefangen werden müssen für die jährliche Untersuchung und Impfung wegen des Herpesvirus, für Trächtigkeitsuntersuchungen, Klauenpflege und Mutterschutzimpfungen. Aber auch wenn die Jungtiere im Oktober aus der Herde genommen und abgeliefert werden, sich zuvor noch auf die Waage begeben müssen, bevor sie auf den Transporter kommen, geht das mit großer Ruhe vor sich. Man sieht, dass die Tiere ohne Angst auf den Menschen reagieren.

Wir fahren weiter, steigen einmal noch an einem Graben aus, der durch einen Biberbau nur noch stockend fließt. Der Biber sorgt für die Austrocknung auch kleinerer Gewässer sogenannter II. Ordnung. Gleichzeitig ist wegen der Trockenheit die Wasserentnahme aus Gewässern I. Ordnung, für die der Bund zuständig ist, seit ein paar Wochen hier verboten.

Nach der Koppelrunde bin ich noch zum Mittagessen eingeladen, frage nach diesem und jenem. So wüsste ich gerne, ob sie alljährlich eines ihrer Jungrinder für den eigenen Fleischkonsum schlachten. Sie lächeln. Die Färse, die sie für sich mitlaufen lassen, grast mindestens vier Jahre auf ihren Weiden, bevor sie geschlachtet wird. Erst dann hat das Fleisch, höre ich, jene Marmorierung, die man von gutem Rindfleisch erwarten sollte.

Irgendwann in diesem Gespräch, in dem es auch allgemein um das Leben auf dem Land und die harte Arbeit in der Landwirtschaft geht, sagt Frieda: »Aber so will ich leben.«

Nachts bringt ein Gewitter endlich Erleichterung von der Hitze. Es setzt sogar ein leichter Regen ein, der langsam stärker wird. Ich stehe auf und schließe die Fenster. Beim Geräusch des erst tropfenden, dann immer heftiger herabrauschenden Wassers denke ich über die beiden ostdeutschen Betriebe nach. Da ist der eine, der nach amerikanischem Vorbild auf der grünen Wiese nagelneu aufgebaut und dabei Größe und Arbeitsteilung der alten LPGs übernommen hat. Und ein paar Hundert Kilometer östlich arbeitet der andere, der nach dem Überleben der Kollektivwirtschaft in der DDR erfolgreich zum Familienbetrieb zurückkehren konnte.

Zur Viehhaltung, so kommt es mir plötzlich vor, passt ein Familienbetrieb womöglich am besten. Ist das so, weil es um Beziehung geht?

Umso trauriger ist es, dass die Politik der letzten fünfzig Jahre zwar immer das Ideal der bäuerlichen Familienbetriebe im Munde führte, sie aber seit Jahrzehnten zum Aufgeben zwingt – durch Vergrößerungszwang, Regulationswut und Verordnungspolitik. Ganz besonders für die Viehhaltung hat das Konsequenzen gehabt – und hat sie weiterhin.

11 ZU BESUCH IN EINER DER ÄLTESTEN TIERKLINIKEN DER WELT

WAS FÜR EIN SCHÖNER HINWEIS, denke ich, als ich an der U-Bahn-Station Braunschweiger Platz in Hannover aussteige und das hinter Glas gesetzte Sandsteinmedaillon des Bremer Bildhauers Georg Arfmann entdecke. Es zeigt die Geburtshilfe bei einer Kuh nach einer altägyptischen Darstellung etwa 2.000 Jahre v. d. Z. Da hat sich ein Mann hinter einer gebärenden Kuh auf die Erde gekniet und beide Füße des Kalbes gefasst, das schon halb aus der stehenden Kuh herausgeglitten ist und so wirkt, als spränge es dem Mann entgegen. Die Kuh streckt ihre Zunge weit aus dem Maul heraus, als würde sie stöhnen. Vor und hinter Helfer und Kuh sind Männer platziert, der eine steht und zeigt auf den helfenden Kollegen, der andere aber hockt vor der Kuh und ist mit Schreiben beschäftigt. Vermutlich zeichnet er die Geburt auf, oder die Worte, die diesen Vorgang der Geburt und Geburtshilfe beschreiben. Tatsächlich läuft über die ganze Szene oben ein Band von Hieroglyphen entlang, darunter stilisierte Buchstabenbilder von Kuh, Arm und Fuß.

Ich bin nach Hannover gefahren, um die Klinik für Rinder und das Institut für Tierernährung an einer der ältesten tierärztlichen Bildungsstätten der Welt zu besuchen. Beide sind Teil der Tierärztlichen Hochschule Hannover, einer universitären Einrichtung in Form einer Stiftung. Hier hätte ich also studiert, wenn ich meinem jugendlichen Berufswunsch gefolgt wäre, Tierärztin zu werden, jetzt aber, so denke ich im Stillen, sehe ich mich eher in dem Schreibenden.

Auf dem Gelände der Hochschule, das unmittelbar beginnt, sobald man aus der U-Bahn auf die Straßen hinaustritt, begegne ich einem weiteren Werk des Bildhauers, dem auf einer Stele präsentierten Bronzekopf eines Perücke tragenden Mannes. Es ist das Abbild von Johann Adam Kersting, Direktor der »Königlichen Thierarzneyschule«. 1778 zunächst als »Roßarzneyschule« gegründet, nahm die Lehranstalt ab 1814 unter anderem auch die Rinderheilkunde in den Lehrplan auf. Tatsächlich kämpfte man da in der europäischen Landwirtschaft schon fast hundert Jahre lang mit äußerst verlustreichen Tierseuchen, darunter der Rinderpest, deren Virus inzwischen weltweit ausgerottet werden konnte.

Für meine Verabredung ist es noch ein wenig zu früh und ich setze mich für einen Moment auf den Betonsockel einer Skulptur, die den Bremer Stadtmusikanten nachempfunden ist, den Esel vertritt eine Kuh, zu Hund und Katze hat sich ein Schwein gesellt. Vétoquinol Marbocyl – die Namen von Unternehmen bzw. Produkten der tierpharmazeutischen Industrie auf dem Sockel sehe ich erst auf den Fotos, die ich von der Skulptur gemacht habe.

Bevor ich durch die Tierklinik geführt werde, muss ich einen der dünnen weißen Overalls anziehen, wie man sie von der Spurensicherung aus Fernsehkrimis kennt. Einer meiner Gesprächspartner, Prof. Dr. Christian Visscher, zuständig für Tierernährung, hat welche mitgebracht und den ersten zerreiße ich gleich, weil ich viel zu kräftig zupacke. Frau Prof. Dr. Martina Hoedemaker, die Chefin der Tierklinik, hat schon einen Schutzanzug an, sie wird uns durch die Tierklinik führen. Hinzu kommt noch Prof. (i. R.) Dr. Josef Kamphues – bis 2019 Leiter des Instituts für Tierernährung.

Gemeinsam beginnen wir den Rundgang. Im ersten Operationsraum liegt eine Kuh auf einem OP-Tisch, sie wird gerade an einem Fuß operiert. Als ich die Szene fotografieren möchte, fällt mein Blick auf die Schilder mit der durchgestrichenen Kamera. Ja, man habe schlechte Erfahrungen gemacht, wird mir erklärt, das Instagram-Posting einer Studentin habe einen Shitstorm gegen die Klinik ausgelöst, außerdem seien die Tiere durch ihre Ohrmarken identifizierbar, was dann wiederum den Besitzern nicht gefällt. Als ich sage, ich würde natürlich nichts posten, antwortet die Chefin nur trocken: »Das sagen sie alle.«

Wir gehen durch die Gänge der Ställe, in fast jeder Bucht steht eine Kuh, einmal zwei junge Bullen, ein paar Kälber sind als Gruppe in ihren Abteilen. Wegen der Gefahr des hoch ansteckenden Bovinen Herpesvirus Typ 1 werden strenge Quarantänemaßnahmen eingehalten. Jeweils am Gatter der einzelnen Buchten stecken die Krankenakten. Wenn ich nach den Krankheiten frage, greift Frau Hoedemaker zwar danach, aber meistens weiß sie auch so schon Bescheid. Sie hat, das merkt man schnell, engen Kontakt mit den Tieren, kennt über die Krankheiten hinaus auch die Eigenarten ihrer Patientinnen, nennt sie mal neugierig, zickig oder auch freundlich. Die Aufgaben einer Klinikdirektorin sind vielfältig, sie muss nicht nur Behandlungen entscheiden und beaufsichtigen, sondern auch die Studierenden an die klinische Praxis heranführen, an das diagnostische und therapeutische Handwerk des tierärztlichen Berufs. Gleichzeitig sind die Labore im Blick zu behalten, ebenso wie die Arbeitsbedingungen der Angestellten, besonders der Tierpfleger.

Ich lasse mir einige Kühe vorstellen, die erste Patientin war chronisch lahm und schon sehr abgemagert, als sie kam, sie hat zwei verbundene Hinterfüße, eine von zwei Klauen des einen Fußes wurde ihr schon abgenommen. Eine zweite Kuh hat während der Geburt eine Gebärmutterverdrehung erlitten, dann kam noch eine Zitzenverletzung hinzu. Der Klinikaufenthalt von manchen hier behandelten Tieren dauert teilweise einige Wochen.

Wir kommen zu einer tief eingestreuten Box, in der befindet sich eine Kuh, die »festliegt«, also nicht von alleine aufstehen kann, das passiert manchmal nach schweren Geburten. Hier gibt es eine Vorrichtung, um sie aufzustellen, denn sie muss so oder so gemolken, also von ihrer Milch befreit werden. Das Aufstellen gelingt bei aller Technik nur mit kräftigen, geschickten Menschen.

Ich sehe etliche Mitarbeiter, wie sie füttern, melken, einstreuen, und frage nach ihnen.

Es gibt elf Tierpfleger, höre ich. Der Beruf ist körperlich hart und nicht ohne Risiko. Die Tiere müssen mit Kraft bewegt werden, man stemmt mal hier eine Schulter gegen das Tier oder packt da mit beiden Händen zu, um es in einen Stall oder einen Operationsstand zu bugsieren. Manchmal springen die Tiere sehr plötzlich los, reißen an ihren Stricken und damit an den Händen und Schultern der Mitarbeiter. Dennoch sind die Leute gerne hier beschäftigt, sagt die Klinikchefin. Mancher arbeitet seit seiner Ausbildungszeit hier, und ja, heißt es auf meine Nachfrage, die Tierklinik bildet Tierpfleger aus.

Wir heben den Deckel von einem großen Behälter, der am Rand der Ställe steht. Er enthält die hier ermolkene Milch, eine dicke Fett- oder Gärschicht schwimmt obendrauf. Früher wurde diese Milch von einem Schweinehalter abgeholt, der konnte sie an seine Schweine verfüttern, aber das ist inzwischen aus seuchenhygienischen Gründen nicht mehr erlaubt. Nur noch ein Unternehmen darf mit dem Fett der Milch arbeiten, es ist auf Milchverarbeitung spezialisiert und filtert einige Eiweiße heraus, um so bestimmte Schutzstoffe zu gewinnen.

Wir kommen zu einer Bucht mit kleinen Kälbern, die hier in der Klinik geboren wurden, teils auch mithilfe eines Kaiserschnitts zur Welt kamen. Manchmal werden sie bis zur Entlassung der Mütter fürs Handling der Studierenden genutzt, wie etwa der kleine Bulle Ludwig. Kranke Kälber, die als Patienten eingeliefert wurden, gibt es im Moment nicht, meist kommen sie mit Durchfall oder Lungenentzündung und müssen wegen der Ansteckungsgefahr immer gut isoliert werden. Am Schluss sehe ich eine riesige Kuh, deren Widerristhöhe schätze ich auf 160 Zentimeter. Sie ist so groß geworden, höre ich, weil sie seit Jahren nicht mehr besamt wird, also weder ein Kalb austrägt noch gemolken wurde. Sie hat einen permanenten Zugang zu ihrem Vormagensystem gelegt bekommen, eine sogenannte Pansenfistel – man kann sich einen künstlichen Darmausgang vorstellen – zum Abpumpen des Pansensaftes, der manchmal zur Behandlung von Kühen verwendet wird, die an Verdauungsstörungen im Vormagensystem erkrankt sind. Auch ein paar ausgewachsene Bullen stehen hier noch, aber sie sind nicht gekört, d. h. ihr Sperma wird nicht zur Fortpflanzung eingesetzt, sondern nur fürs Labor und im Rahmen der Lehre.

Nach unserem Rundgang frage ich, welche Tiere in die Klinik zur Behandlung gebracht werden und von wem. Geht es da vor allem um züchterisch wertvolle Tiere?

Ja, manchmal, sagt Frau Hoedemaker, und dafür kommen die Besitzer teils von weit her. Im Allgemeinen stammen die Tiere aber aus Betrieben, die in einem Radius von fünfzig bis hundert Kilometer um Hannover lokalisiert sind. Die Beweggründe, ein Tier in eine Hochschulklinik zu bringen, sind unterschiedlich. Teils handelt es sich um komplizierte Fälle, deren Behandlung in der Praxis wenig Aussicht auf Erfolg hat, teils waren die Tiere bereits erfolglos vorbehandelt oder es konnte mit den in der Praxis verfügbaren Möglichkeiten keine Diagnose gestellt werden. Bei akuten Notfällen ist nicht selten auch einfach die Nähe zur Klinik ein Grund.

Wir gehen zum Gespräch in das Institut für Tierernährung. Im Treppenaufgang hängen Darstellungen aus Antike und Mittelalter von Tieren, die fressen oder gefüttert werden. Abgeschirrte Pferde saufen am Brunnen, in einer ägyptischen Darstellung wird ein Hund gestopft wie eine Gans, Schweinen wird von einem Mann etwas in den Trog geschüttet, und in einer mittelalterlichen Darstellung saugen Ferkel säuberlich aufgereiht an den Zitzen der nachdenklich aussehenden Muttersau. Wer mit der Ernährung des Viehs und mit seiner Gesundheit zu tun hat, kann auf tiefe historische Wurzeln blicken.

Wir setzen uns zum Gespräch und ich frage als Erstes nach dem Papier jener Tierärzte, die an einer Ad-hoc-Arbeitsgruppe »Tierschutz in der Nutztierzucht« teilgenommen und kürzlich ihr Ergebnis veröffentlicht haben. Die Gruppe führt viele Studien über die Gesundheit der Milchkühe in Deutschland an, denen zufolge es besonders mit der Fuß- und Eutergesundheit der Tiere nicht gut bestellt sei. Auch seien die durchschnittlichen Fruchtbarkeitsdaten, insbesondere die Besamungsfrequenz – also die Häufigkeit der Besamung, bevor eine Kuh wieder trägt – sehr viel schlechter geworden. Das habe dazu geführt, dass auch die durchschnittliche Lebenserwartung, genauer gesagt, die Nutzungsdauer der Milchkühe gesunken ist. Mit anderen Worten, pro Kuh seien nur noch vier bis fünf Kälber zu erwarten, also vier bis fünf Laktationsperioden. Das ist nicht nur unter dem Aspekt des Tierwohls zu bedauern, sondern auch in Hinblick auf die ökonomische Effizienz ein schlechtes Ergebnis. Die Ursache dieser Entwicklung sowie die Lösung fallen gleichermaßen in das Fachgebiet der Genetiker, die mit der Festlegung von Zuchtzielen grundsätzlich eine große Lenkungswirkung erreichen.

Hier ein kleiner Einschub für Vegetarier und Veganer: Moderne Genetik in der Landwirtschaft wird gerne als Sündenfall und prinzipielles Teufelswerk hingestellt, als sei sie nur im Zusammenhang mit Qual- und Höchstleistungstierzucht zu denken. Aber in kaum einem Bereich werden zurzeit so hohe Forschungsgelder aufgewandt wie im Bereich der genetischen Erforschung und Neuzüchtung der Erbse. Diese wird im Moment als proteinreicher Ersatz für Fleisch intensiv beforscht und genetisch verändert, um in einer Vielzahl von Lebensmitteln eingesetzt zu werden – wie ja seit Hunderten von Jahren Pflanzen und Tiere züchterisch, und das heißt genetisch, verändert und diversifiziert wurden, demnächst viele Pflanzen vermutlich in Richtung Dürreresistenz.

Meine Gesprächsrunde ist mit der tierärztlichen Arbeitsgruppe nicht ganz einverstanden. Man kritisiert vorsichtig die Verallgemeinerungen im Papier der Tierärzte. Und jemand hebt hervor, dass die züchterischen Anstrengungen inzwischen schon längst in Richtung einer stabileren Gesundheit gehen, die ja tatsächlich auch eine längere Lebens- und Nutzungsdauer und damit eine bessere Ökonomie beinhalten würde. Einig ist man sich aber vor allem darin, dass bei ständig ansteigenden Anforderungen an die Leistung der Tiere auch die Qualität des Herdenmanagements sehr hoch sein muss. Höchste Ansprüche müssen gestellt werden an Gesundheit und Ernährung, nichts geht ohne ständige Fortbildung und Beratung der Landwirte und Landwirtinnen. Und vor allem müssen sie genau auf die Tiere und irgendwelche Auffälligkeiten in den Milch- und Jungviehherden achten.

Ich denke an die vielen Rundgänge der Bäuerinnen und Bauern in ihren Herden – auch dort, vielleicht sogar besonders dort, wo viel Robotik eingesetzt wird. Eben diese selbstverständliche, hohe Aufmerksamkeit für die Herde und, soweit es möglich ist, für jedes einzelne Tier habe ich bei meinen bisherigen Besuchen als entscheidendes Kriterium einer guten Tierbetreuung erlebt.

Das Thema der tierärztlichen Bestandsbetreuung hat viele Facetten. Eine davon ist, dass Veterinäre in den ganz großen Stallanlagen zunehmend auf Mitarbeiter stoßen, die aufgrund ihrer anderen Muttersprache die Anweisungen zur Behandlung und Medikation kranker Tiere nicht verstehen. Von den Tierhaltern, die natürlich die Verantwortung für ihre Tiere haben, werden sie mit diesem Problem nicht selten alleingelassen, und das könnte auf Dauer zu einer schlechteren Qualität der Betreuung führen.

Dann komme ich mit einer zutiefst umstrittenen Frage.

»Sind Kühe Klimaretter oder Klimakiller?«

Daraufhin holt Prof. Kamphues besonders tief Luft.

»Die Frage ist, ob wir Menschen Weide- und Grasland weiterhin verwerten und fruchtbar halten, ob wir dafür Wiederkäuer halten und ob wir Milch, Butter und Käse und rotes Fleisch essen wollen. Wiederkäuer produzieren Methan. Die Evolution hat auf subtile Weise dafür gesorgt, dass die H-Ionen – die im Pansenstoffwechsel aus Gras und ähnlichen Futtermitteln entstehen – umgesetzt und aus dem Stoffwechsel der Wiederkäuer wieder entlassen werden, nämlich durch Umwandlung in Methan.« Fakt sei, dass auch aus Kompostierung Methan entsteht, dass also überall, wo organische Substanz mikrobiell abgebaut wird, Methan in die Atmosphäre steigt. Was das Rind angeht, so erforsche man im Moment Futterzusatzstoffe, mit denen die Kuh dann deutlich weniger Methan produziert.

Zum Zeitpunkt unseres Gesprächs hatte es noch nicht jene Meldung des Weltklimarates (!) aus dem September 2022 gegeben, dass der Anteil der Rinder am Methanausstoß in die Erdatmosphäre jahrelang um das Drei- bis Vierfache zu hoch ausgewiesen worden ist.

»Oder«, so fährt Prof. Kamphues jetzt fort, »wir reduzieren die Tierzahlen um die entsprechende Prozentzahl. Zu bedenken ist dabei, dass wir jetzt acht Milliarden Menschen sind.« In den 1920er-Jahren, also vor hundert Jahren, betrug die Weltbevölkerung zwei Milliarden Menschen, also nur ein Viertel der heutigen Bevölkerung.

»Alle brauchen Nahrung, und der Bedarf nach tierischen Produkten wächst, das bedeutet mehr Milch, Eier, Fleisch.« Um diese hohe Produktion bei geringem Schaden für den Planeten zu schaffen, müssen wir zurückkehren zur Verwertung von Resten bei der Fütterung der Haustiere, so Kamphues.

»Früher hielten die Mühlenbetriebe Schweine für die Abfälle. Zukünftig müssen wir einen noch größeren Anteil der Fütterung mit jenen Komponenten betreiben, die von Menschen nicht verwertet werden können.« Immerhin fallen bei der Lebensmittelproduktion aus Pflanzen in vielen Bereichen faserreiche Reststoffe an, die nur von Wiederkäuern und ähnlichen Pflanzenfressern effizient genutzt werden können. So können etwa Biertreber aus den Brauereien, Zitrus-Trester aus der Fruchtsaftproduktion und auch Palmextraktionsschrot aus der Verarbeitung zu Palmöl überhaupt nur durch Wiederkäuer verwertet werden.

Mich erinnert diese Diskussion an das Gespräch mit Waldemar und Hannes im Frühjahr über die Frage der Nutzung von Ackerflächen für Viehfutter.

Professor Visscher wirft jetzt ein, dass man, was heute schon für Lebensmittel der Menschen zunehmend gemacht werde, auch bei der Tierernährung tun müsse, nämlich den CO_2-Fußabdruck der Futtermittel in der Zusammenstellung der Rationen berücksichtigen. Im Prinzip gebe es diese Daten sogar schon. Aus den Niederlanden heraus werde z. B. die GFLI Database (Global Feed LCA Institute) gepflegt. Werde das berücksichtigt, zeige sich auch auf dem Produkt, also der Milch, dem Ei oder dem Fleisch, ob man mit weniger Klimaschädlichkeit konsumiert. Für das Tier bedeutet es, dass kein Soja aus der Abholzung von Regenwäldern gefüttert wird, sondern stattdessen hiesige Eiweißquellen und gern auch Nebenprodukte aus der Lebensmittelproduktion genutzt werden.

Dann diskutieren wir eine Weile die Frage der Verfütterung von Speiseresten – etwa aus der Gastronomie. Sie ist in Deutschland verboten, und tatsächlich gibt es dabei auch Fallstricke. So war die europäische Schweinepest – in Deutschland zuletzt 2006 bei Hausschweinen nachgewiesen – in der Vergangenheit allzu häufig zurückführbar auf nicht ausreichend erhitzte Speisereste als Schweinefutter. Das war auch der Grund für das 2006 in Kraft getretene Verfütterungsverbot für Speisereste. Inzwischen werden allerdings, so Prof. Kamphues, nach einem festgelegten Verfahren, das aus Europa stammt, in einigen asiatischen Ländern, besonders Thailand, Speisereste wieder an Schweine verfüttert. Diese Fütterung nennt sich Ecofeed, und das daraus stammende Schweinefleisch wird sogar als Ecoporc im oberen Preissegment vermarktet.

Ich komme auf die Gesundheit der Kühe und ihre relativ geringe Lebensdauer zurück.

»Meine Kuh der Zukunft«, sagt Professor Kamphues, »sollte eine längere Zwischenkalbezeit erleben, und nur noch jede tausendste Kuh sollte ein Bullenkalb gebären.« Früher war die saisonale Abkalbung die Regel, sodass die gesamte Herde möglichst direkt nach der Abkalbung zum Weidegang ins frische Grün kam. Das Ideal war: am 10. April die Geburt, am 5. Mai auf die Weide. Generell war und ist es noch so, dass eine Kuh alle zwölf Monate ein Kalb zur Welt bringt, sechs Wochen steht sie trocken und wird etwa drei Monate nach der Geburt neu besamt.

Hier wieder ein kurzer Einschub: Wenn ein Bulle in der Kuhherde läuft, man die Dinge also ›der Natur überlässt‹, sind die Kühe nicht selten noch schneller wieder tragend. Ein Bulle wartet nicht mit der Befriedigung seines Bedürfnisses.

»Eine längere Zwischenzeit«, so Kamphues weiter, »reduziert erstens die Anzahl der Kälber, also insgesamt der Rinder und damit auch die Menge der Milch. Und sie fördert zweitens die Gesundheit der Kuh, macht sie robuster, lässt sie länger leben – und Milch geben.« Denn auch die Laktation könne seines Erachtens gestreckt werden, immerhin gäbe es auch in der Natur Tiere, die zwei Jahre lang Milch geben, ohne eine erneute Trächtigkeit, nämlich die Ziege.

Zum Aspekt der Klimarettung kommen wir in diesem Gespräch nicht mehr, aber ich will hier noch einmal kurz wiederholen, dass die auf Weiden, auf Pampas, in Steppen, Taigas und Tundren grasenden Wiederkäuer der Welt dort die Landschaften offen halten, dass das Grünland CO_2 speichert und dass durch die großen Vierbeiner und ihren Tritt, Biss und Mist sogar die Artenvielfalt in den Böden erhöht wird. Der vegetarisch-vegane Einwand, dass stattdessen überall Getreide und Gemüse angebaut werden könnten, trifft als Gegenargument nicht zu. Denn nur wenige Böden der Welt sind von einer Qualität, dass Getreide und Gemüse in ihnen wachsen. Und weiter: Welche Stickstoffzufuhr denkt man sich für einen Zustand, in dem es keine tierischen Exkremente in der Landwirtschaft mehr gibt?

Meine letzte Frage an diesem Nachmittag ist, ob sich die ökonomischen Rahmenbedingungen der Bauern eigentlich auf die Tierärzte auswirken.

Alle im Raum finden, dass die Verdienstaussichten für den Berufsstand an sich grundsätzlich sehr gut seien. Vor allem im stark angewachsenen Bereich der Kleintierpraxen, in die Hunde, Katzen und Kleinsäuger wie Kaninchen und Meerschweinchen gebracht werden, spielen die Kosten keine so große Rolle.

»Der kleine Liebling wird verarztet, egal, was es kostet.« Auch in den Praxen für große Nutztiere seien die Margen gut, man denke etwa an die Impfungen großer Herden.

Aber Prof. Kamphues sieht auch eine andere Tendenz, etwa, dass die handwerklichen Fähigkeiten weniger gefragt werden. Er nennt als Beispiel die tierärztliche Klauenpflege bei Kühen, die kaum noch stattfindet, weil sie zu teuer ist. Diese Arbeit übernehmen inzwischen fast vollständig professionelle Klauenpfleger.

»Ich sehe eine Entwicklung wie in den USA auf uns zukommen«, sagt er und zitiert das Motto. »The dog must be shot.« Also Tötung statt Heilung.

Aber das ist Prof. Visscher jetzt ein bisschen zu negativ gedacht und er wirft ein, dass man auch einmal auf die großen Fortschritte in der Tiermedizin und -behandlung der letzten Jahre hinweisen könnte. Dazu gehörte etwa die erfolgreiche Minimierung des Einsatzes von Antibiotika in der Behandlung von Tieren. Wir nicken nachdenklich mit den Köpfen, und jeder fragt sich wohl, ob die Öffentlichkeit auch solche Nachrichten zur Kenntnis nimmt.

Als ich meinem Bruder später am Tag das Foto von der Geburtshilfe im alten Ägypten schicke, kommt postwendend ein Foto aus seinem Stall zurück – von Kuh und neugeborenem Kalb im Stroh.

»Das war gerade meine Beschäftigung«, schreibt er dazu.

TEIL III

12 DIE SCHÖNEN KÜHE DES ZEUS UND DAS GOLDENE KALB

WER MIT TIEREN ARBEITET, wer Schafe schert, mit Ochsen pflügt und drischt, wer Kühe melkt und Kälber aufzieht, hat immer auch mit ihren Krankheiten zu tun. Ausgerechnet die griechischen Götter, schneeweiß und makellos, wie die Gipskopien ihrer Statuen in unseren Museen stehen, müssen mich jetzt an die Rinderdassel erinnern, dieses unappetitliche Insekt, das sich als Made von unten durch den Körper der Rinder hindurchfrisst und in ihrem Rücken wieder hochkommt.

Ich lese die Geschichte der Göttertochter Io. Ihr Vater war der Sage nach der griechische Flussgott Inachos vom östlichen Peloponnes. Io wird vom Göttervater Zeus verführt, der sie in dem Moment, da die Entdeckung der Affäre droht, in eine weiße Kuh verwandelt, um sich und sie vor der Rache seiner Ehefrau Hera zu schützen. Die aber misstraut ihrem notorisch untreuen Mann und erbittet sich die schöne weiße Kuh als Geschenk, denn sie ahnt, dass etwas anderes unter der Kuhhaut steckt. Sie lässt die Kuh von einem hundertäugigen Riesen namens Argos bewachen, aber auf Geheiß seines Vaters Zeus befreit Hermes die Kuh aus der Gefangenschaft des Riesen. Nun kam Hera die Idee, eine Rinderdassel anzusetzen auf ihre zur Kuh gemachten Konkurrentin, und tatsächlich wurde Io von dem Insekt beinahe zu Tode gehetzt. Sie rannte vor ihm fort, schwamm sogar durch das Meer – das dann ihr zu Ehren das Ionische Meer genannt wurde –, aus

Angst davor, der Larve als Wirtstier dienen zu müssen. Erst als sie schon nach Ägypten an den Nil geflüchtet war, ließ sich Hera von Zeus erweichen und gab ihr wieder menschliche Gestalt.

Die griechische und in ihrem Gefolge die römische Mythologie ist voll mit schönen Göttern und Göttinnen – und mit schönen Kühen und Stieren. Die Rinder sind der Reichtum der Könige, gelten in Athen und auch in Rom noch als wertvollste Geschenke unter Königen. Als Opfertiere auf den Altären der Götter und Göttinnen sind Stiere unersetzlich, ihr Diebstahl wird äußerst streng geahndet. Nur Götter und Göttinnen dürfen sich Dinge mit ihnen herausnehmen, die nicht so ganz in Ordnung sind – aber selbst sie, so zeigt sich, werden manchmal dafür bestraft.

Ios Geschichte ist nur eine von vielen Rindsgeschichten unter den Sagen des klassischen Altertums. Da gibt es auch noch die Verwandlung des Zeus in einen Stier, etwa um Europa zu bezaubern, Tochter eines phönizischen Königs. Der Zeus-Stier ist »schneeweiß und mit kleinen Hörnern«, heißt es bei Ovid, damit er harmlos aussieht – so gut hat inzwischen die Neotenie gewirkt, könnte man sagen. Das Mädchen namens Europa setzt sich spielerisch auf den hübschen weißen Stier, der sich ihr anbietet, und der schwimmt mit ihr hinaus aufs Meer, entführt sie nach Kreta, wo er wieder menschliche Gestalt annimmt. Eines der gemeinsamen Kinder von Europa und Zeus, heißt es, ist Minos. Und auch er wird das Stierelement nicht los. Als König von Kreta will er sich einmal der Zahlung einer Schuld entziehen und behält den schönen weißen Stier, den er eigentlich dem Meeresgott Poseidon versprochen hat, für sich. Die Strafe dafür ist schrecklich, denn der Meeresgott sorgt dafür, dass sich die Ehefrau des Minos in diesen Stier verliebt und sich von ihm – durch ein mit Kuhhaut bezogenes Gestell hindurch – schwängern lässt. Sie gebiert den Minotaurus, einen Menschen mit Stierkopf. Das Ungeheuer wird von Minos in ein Labyrinth gesperrt, aber es müssen ihm alljährlich sieben Jungfrauen und sieben junge Männer aus Athen geopfert werden. Schließlich tötet ihn Theseus, einer der großen griechischen Helden, der auf dem Weg nach Kreta schon mal den Stier von Marathon, Vater des Minotaurus, erledigt hat.

Auf der Suche nach Kühen und Stieren im antiken Kanon stoße ich zudem auf die Herde von fünfzig Rindern, die der oben erwähnte Hermes bereits als Säugling seinem Bruder Apollon gestohlen hat. Was er mit ihnen eigentlich will und macht, wird nicht berichtet, aber zwei der Tiere opfert er sogleich seinem Vater. Die Götter mögen Rindfleisch.

Zu den vielen Geliebten des Göttervaters Zeus – 37 sind namentlich verzeichnet – ist zu sagen, dass in Gesellschaften, in der die Entwicklung von Ackerbau, Stadtentwicklung und Schrift zu großer kultureller Blüte geführt hat, der Obergott natürlich viele Kinder zeugen muss, denn so kann er den halbgöttlichen Status der Nachkommen sichern. Anders gesagt, so wollten sich die Menschen, deren Göttererzählungen ja eine Erzählung über sie selbst sind, ihren hohen Status sichern, wollten sich legitimieren, sich zu Herren über die Natur – und sogar andere Menschen, Sklaven nämlich – machen. Halbgötter eben.

Die griechischen und römischen Götterwelten speisten sich aus den altorientalischen Göttererzählungen, schmückten sie aus und kreierten lokale Varianten. Fast alle Elemente und Motive der Griechen und Römer finden sich schon bei den Sumerern, Babyloniern und Ägyptern.

Aber ein wichtiger Unterschied fällt mir doch auf: Stiere und Kühe scheinen nur noch Beiwerk zu sein. Im Alltag der Menschen sind sie immer noch sehr wichtig und stehen vor allem für Reichtum. So heißt etwa das lateinische Wort für Geld »pecunia«, von »pecun«, das Vieh. Stiere sind so stark und gefährlich, dass nur wahre Helden oder Halbgötter sie bezwingen können – oder zähmen, oder zur Zucht einsetzen. Kühe sollen, wie die Göttinnen auch – und wie die Zuchtkühe auf heutigen Wettbewerben –, besonders schön sein, sollen vor allem gesunden Nachwuchs zur Welt bringen. Mit der alles erschaffenden Himmelskuh jedoch ist es vorbei. Sie hat in den Schöpfungsgeschichten Ägyptens und Mesopotamiens, im altnordischen Sagenkosmos mit der Urkuh Audhumbla als Seinsgrund und Ernährerin und auch in Indien, wo der Gott Krishna die Urmutter Surabhi erschafft und die Welt aus dem kosmischen Milchozean entsteht, ihre Schuldigkeit getan.

Tatsächlich lag ja zu diesem Zeitpunkt die Domestizierung des Rindes schon viele Tausende Jahre in der Vergangenheit, ebenso auch der Beginn des Ackerbaus, also die neolithische Revolution und die Erfindung der Städte und der Schrift.

Jetzt entwickelten die griechischen Philosophen, deren Denkschule aus der dominanten Kultur der Hellenen erwuchs, den Logos, also die verstandesgemäße Erfassung der Welt. Der Logos ersetzte den Mythos. So beschäftigten sich die Philosophen zwar mit den alten Geschichten ihres Volkes, aber sie verstanden sie auf neue Weise. Zeus stand etwa für die kosmische Urkraft, die sich mit allen Aspekten, sinnlich, seelisch und geistig, in den Menschen immer weiter fortzeugen musste. Die Kuh, der weibliche Anteil des Fortzeugens, fiel dabei zunehmend unter den Tisch. Das wurde im spätrömischen Mithraskult, scheint mir, besonders deutlich, ein geheimer Kult, der in Höhlen versteckt stattfand und an dem nur Männer beteiligt sein durften. Als dessen Höhepunkt galt lange Zeit, einem Bullen die Kehle durchzuschneiden. Das auf den Erdboden fließende Blut sollte den Zeugungsakt symbolisieren. Womöglich war der Kult, der sich im ganzen spätrömischen Reich verbreitete, deshalb geheim, weil tatsächlich längst schon der Logos regierte. Und bald das Christentum.

Überhaupt befinden wir uns mit den Griechen und Römern bereits im Zeitalter der Imperien – der Hellenen und Perser, der Römer und bald auch der Mongolen. Mit der Domestizierung des Pferdes, die den Menschen erst 5.000 Jahre nach der Domestizierung der

Rinder gelang, hatte eine neue Zeit begonnen. Sehr schnell wurde das Pferd eingespannt in die Eroberungszüge großer Armeen, trug Bogenschützen und Schwertkämpfer, Nachschub und Beute, zog Streitwagen und half so bei der Eroberung großer Landflächen.

Mit den griechischen und römischen Göttern und Göttinnen und ihrer bunten Liebeswelt in Kuh- und Stiergestalt sind wir auch in der Zeit der Geschichten des Alten Testaments angelangt. Das sind jene etwa acht Jahrhunderte v. d. Z., die in der Bibel als Historie des jüdischen Volkes erzählt wird. Hier spielt das Goldene Kalb eine prominente Rolle – wobei das Kalb natürlich ein Stier war, aber dazu kommen wir gleich.

Moderne Philosophen haben die sich weltweit abzeichnende Umbruchzeit zwischen dem 8. und 2. Jahrhundert v. d. Z. die »Achsenzeit« genannt. Bedeutende technische und kulturelle Fortschritte hatten auch zu einer höheren Bewusstheit der Menschen über sich selbst geführt, neue Religionen entstanden, im Vordergrund standen nicht mehr die Ursprungsmythen der Erd- und Fruchtbarkeitsgötter. Vielmehr ging es jetzt um das Leben und Leiden der Menschen und um neue Regulierungen ihres Miteinanders. Gerechtigkeit, Mitleid und Vergebung wurden zu wichtigen Forderungen des Menschen an sich selbst – im Konfuzianismus Chinas, Buddhismus und Hinduismus Indiens ebenso wie bei Juden und Christen im Nahen Ostens sowie im Rationalismus der Griechen.

Die Rolle der Rinder änderte sich.

Im Ersten Buch Mose treffen wir im Traum des Pharao von den sieben fetten und sieben mageren Kühen und von den sieben vollen und sieben mageren Ähren auf jene wichtigsten Arten, die zum Entstehen der menschlichen Zivilisation so grundlegend beigetragen haben: Rinder und Weizen. Und sie werden bedroht. Denn in Pharaos Traum werden die sieben fetten Kühe, die aus dem lebensspendenden Nil gestiegen sind, von sieben mageren Kühen gefressen, und die volle Getreideähre wird durch eine schüttere Ähre vernichtet. Die Geschichte der Interpretation des Traumes durch Joseph ist die biblische Vorgeschichte zum Goldenen Kalb. Zur Erinnerung: Als Halbwüchsiger wurde Joseph, Lieblingssohn Jakobs, einem der Gründerväter Israels, von seinen Brüdern, die ihm seine Stellung beim Vater neideten, nach Ägypten verkauft. Nun deutet er den Traum des Pharao als Warnung – keine Rinder, kein Getreide – vor einer kommenden Hungersnot. Nur durch eine kräftige Besteuerung des Getreides und die Lagerung der so erzielten Kornvorräte wird man überleben. Der Pharao setzt Joseph als Verwalter der nötigen Maßnahmen ein, und nur durch seine vollen Getreidespeicher kann Ägypten die Dürre überstehen. Diese sieben Jahre dauernde Dürre herrscht offenbar im Gebiet des gesamten Fruchtbaren Halbmondes und bringt auch Josephs Brüder an den Nil. Damit beginnt die Vorgeschichte ihrer Sklaverei, aus der sie sich nur durch Moses' Führung und seine Ablehnung des Goldenen Kalbes, d.h. eines falschen Gottes, wieder befreien werden. Zunächst wird anrührend erzählt vom strengen, aber in seiner Vergebung – einer typischen Achsentugend – auch warmherzigen Joseph, von der Angst seiner Brüder und endlich ihrer Erleichterung, vom Zweifel des alten Jakob und seiner Freude über den wiedergefundenen Lieblingssohn. Am Ende wandern Vater und Brüder mit ihren Familien und Viehherden – also ganz Israel – nach Ägypten ein, um unter dem Schutz ihres mächtigen Landsmannes dort die Hungersnot zu überleben. Bis es endlich zur Anbetung des Goldenen Kalbes kommt, müssen zuerst die Vertreter der alten Generation sterben, Jakob, Joseph und Potiphar. Der neue Pharao hat dann vergessen, warum die Israeliten unter seinem besonderen Schutz stehen. Und weil sie angeblich zu viele Menschen geworden sind – das Thema der Überbevölkerung klingt hier erstmals leise an –, kehrt sich der ägyptische Herrscher gegen sie und lässt sie Zwangsarbeit leisten. Aber ihre Anzahl, heißt es, wuchs immer weiter, sodass schließlich per Erlass alle ihre neugeborenen Söhne getötet wurden. Vielleicht kennt man noch die Geschichte der Errettung Moses', der als Säugling in ein Schilfkästchen gelegt und auf dem Nil ausgesetzt wurde, aus dem ihn dann ausgerechnet die Tochter des Pharao rettet, und der deshalb als Ägypter aufwächst. Aus vielen Gründen wird der Druck, das Land zu verlassen, für die Israeliten immer größer, und der alte Gott seiner Väter gibt sich Moses am brennenden Dornbusch zu erkennen.

Den Dornbusch mussten wir als Schulkinder in unser Religionsheft malen und unsere große Frage war: Wie malt man Feuer? Damit waren wir eigentlich direkt bei der grundsätzlichen Frage nach dem Unsichtbaren und Immateriellen gelandet. Denn es geht hier ja tatsächlich um einen neuen, unsichtbaren Gott, der Moses versprochen hat, das Volk Israel aus der Gefangenschaft zu führen, wenn sie im Glauben an ihn nicht wanken.

Moses bittet den Pharao darum, sie gehen zu lassen. »Let my people go!« Noch im afroamerikanischen Spiritual klingt das Motiv der Befreiung aus der Sklaverei an. Der Pharao jedoch lässt das Volk erst ziehen, nachdem Ägypten mit zehn Plagen überzogen worden ist. Wasser wird zu Blut, Frösche überlaufen Straßen und Wohnungen, Stechmücken und Stechfliegen quälen Mensch und Tier, eine Viehpest tötet Schafe und Rinder, die Menschen werden von den Pocken heimgesucht, ein tödlicher Hagel erschlägt Getreide, Mensch und Vieh, eine Heuschreckenplage setzt ein, Finsternis herrscht, und schließlich sterben Haus für Haus die erstgeborenen Kinder der Ägypter. Erst dann lässt der Pharao die Israeliten gehen und sie verlassen das Land mit ihren Familien und Viehherden und gehen auf den laut Bibel vierzig Jahre währenden Zug durch die Wüste ins verheißene Land. Dort sollen Milch und Honig fließen. Als Moses allein auf dem Berg mit dem unsichtbaren Gott die Zehn Gebote empfängt, bleibt er so lange fort, heißt es, dass das Volk vom Glauben abfällt und sich aus Gold eine kleine Stierskulptur formt, das es anbetet. Moses zerschlägt, als er wiederkommt, das falsche Götterbild, zu dem sich die Zweifelnden – und vielleicht auch Verzweifelnden – hatten hinreißen lassen. Mit dem Standbild eines Stiers hatte sich das Volk auf der sicheren Seite geglaubt, hatte sich in seiner Not besonnen auf den altorientalischen Kult des heiligen Stiers, den es aus Ägypten kannte – wo in frühester Zeit ein lebendiger Stier als Apisstier verehrt worden war –, ebenso wie sie sich vielleicht auch erinnerten an das Kulttier des alten Fruchtbarkeitsgottes Baal im historischen Kanaan.

Der Reichtum der Völker des Nahen Ostens hatte im Nahrungsüberschuss gelegen – Weizen und Rinder waren die Grundlagen. Durch sie waren Hochkulturen möglich geworden, und es war nicht leicht, gegen die alten Rinder- und Fruchtbarkeitsgötter einen neuen, zudem unsichtbaren Gott durchzusetzen und sie oder ihre Zeichen als falsche Götter zu bekämpfen.

Um am Schluss noch einmal auf die Hypodermose, die von Rinderdasseln ausgelöste Krankheit, zurückzukommen, vor der die griechische Göttin Io eine so entsetzliche Angst hatte. Sie löst schwere Leber-, Lungen- und Darmschäden aus, auch Lähmungen und Atemstillstand können die Folge sein. Wenn im Herbst die Kühe und das Jungvieh für den Winter aufgestallt wurden, bürsteten wir ihnen mit einer scharf riechenden Lösung den Rücken ab. Bei manchen hatten sich schon die Beulen im Rücken gebildet, in denen die Maden saßen, die sich monatelang durch den ganzen Leib des Wirtstieres gefressen hatten. Davor ekelte ich mich ein bisschen, denn manche Beulen platzten beim Bürsten auf, Blut und Eiter drangen aus. Aber die Behandlung war nötig, um den Entwicklungszyklus der Insekten zu unterbrechen und den Rindern einen Befall im nächsten Jahr zu ersparen. Dank der modernen Tiermedizin und flächendeckender staatlicher Programme, in denen auch unsere herbstlichen Behandlungen mit starker Medizin vorgeschrieben waren, gilt die Hypodermose inzwischen als weitgehend ausgerottet.

13 ÜBER FÜRSORGE UND GEWALT

WENN WIR AM ABEND aus dem Kuhstall ins Haus kamen, war die schnelle Frage vor dem Umziehen und dem Abendbrot: »Hast du die Enten besorgt?« Die Frage kam genauso nebenbei, wie die Enten gehalten wurden, und war nicht einmal ernsthaft als Frage gemeint. Vielmehr war klar, dass ich sie natürlich besorgt haben sollte – und besorgen hieß, den Stall mit frischem Stroh einzustreuen, für Nachschub in den Futterautomaten und Wasser in den Tränken zu sorgen, sie dann hineinzuscheuchen und die Tür für die Nacht abzusperren. Die Enten übernachteten in einer an die Wand des Schweinestalls gelehnten Holzkonstruktion aus Brettern, Maschendraht und Teerpappe. Das gab den Tieren ein Dach über dem Kopf und es wurde hinter ihnen abgesperrt, sodass Fuchs und Marder und alle anderen Feinde des Federviehs nicht an sie herankamen. Die abendliche Besorgung der Enten war für uns Kinder eine Einübung in das freundschaftliche, verantwortungsvolle Halten von Tieren. Was würden wir denn wohl sagen, hieß es, wenn es am Abend für uns nichts zu essen und zu trinken gäbe und schließlich auch kein warmes, trockenes Bett im Kinderzimmer.

Das Kümmern um die Enten war eine allabendliche Selbstverständlichkeit, die Frage danach zielte auf das kindliche Gewissen. Hatte man sie wirklich gut besorgt, an alles gedacht, sich allem mit Sorgfalt gewidmet – oder sich etwa den Weg zur Scheune, um neues Stroh zu holen, gespart und beschlossen, dass die alte Streu noch eine Nacht länger genügen würde?

Immer bejahte ich die elterliche Frage am Abend. Sie nicht besorgt zu haben bedeutete nämlich, noch einmal rausgehen zu müssen, Stallkleidung und Gummistiefel anzuziehen, die Gänge des Abends zu Ende abzuleisten. Das heißt, neben der Fürsorge lernte ich auch einen gewissen Pragmatismus im Umgang mit den Tieren. Denn manchmal log ich – mit schlechtem Gewissen. Dann wog ich das Noch-mal-Rausgehen-Müssen ab gegen eine Entennacht ohne Futter, Wasser und trockenes Stroh und fand, dass meine Verfehlung gerade noch so hingehen würde. Ich versuchte gewissermaßen, mir selbst gegenüber ein Auge zuzudrücken. Ich war den Tieren dann eine mangelhafte Herrin, deren Untertanen es auch einmal nicht so gut hatten. Aber nie dachte ich, dass mein Tun gleichgültig wäre, und schändliche Taten wie diese verfolgten mich in den Schlaf.

Das Schlachten allerdings gehörte nicht zu den Schandtaten, die mir den Schlaf raubten. Vielmehr war es das, worauf alles zielte – die ganze Sorge der Aufzucht vom Ausbrüten, Einsammeln, Füttern und Tränken der Küken bis zum Besorgen und abendlichen Einsperren der erwachsenen Tiere. Dass man sie im späten Herbst schlachten würde, ihre Federn für Bettdecken sammeln, ihr Fleisch essen oder verkaufen, das war gewissermaßen die Abmachung. Es galt auch hier: Saat, Reifung und Ernte, Grundlage unserer eigenen Ernährung und die Ernährung all derjenigen, die wir mit Lebensmitteln versorgten.

War es immer so ganz einfach, das einzusehen?

Wenn es so weit war, holte ich die Enten einzeln aus dem Stall. In der Milchkammer wartete meine Mutter. Sie wickelte der Ente, die ich an den Flügeln herbeitrug, schnell einen Jutesack dicht um den Leib, sodass nur Hals und Kopf und Füße noch heraussahen. Das Tier ruckelte unter dem Sack weiter mit den Flügeln, aber das hörte auf, sobald es mit einem kurzen, dicken Stock einen heftigen Schlag auf den Kopf bekommen hatte. Dann zog meine Mutter schnell die gelben Füße durch eine Schlinge, die sie über einen festen Haken an der Wand streifte, sodass die Ente kopfüber aufgehängt war. Jetzt rupfte sie noch die Federn am Scheitelpunkt des Kopfes und setzte das Messer an, stieß es tief hinein. Blut spritzte in heißem Strahl, die Ente zuckte erst wild, dann wurde das Zucken schwächer, und wenn man den Sack löste, fielen die Flügel sich auffächernd und schlaff an ihr herab. Ich hielt inzwischen den schwarz emaillierten, mit Essig gefüllten Henkeltopf unter das strömende Blut. Rührte mit dem Holzlöffel um, hielt meinen Kopf zur anderen Seite, damit ich Essig und Blut nicht riechen, nicht die flatternde wilde Angst des Tieres im Blick haben musste, und stellte mich überhaupt dumm an, wie meine Mutter sagte, aber mit abgeneigtem Kopf und starren Armen ging es nicht besser. Ich war ungefähr zehn Jahre alt.

Nein, leicht war es nicht.

Und ein halbes Jahr zuvor hatte ich einer dieser jetzt geschlachteten Enten, als sie noch klein war, aus Mitleid noch die Füße gewärmt, was natürlich eine Schnapsidee war, Enten haben immer kalte Füße. Aber das Tier rührte mich, es war eines jener kleineren Küken, wie es sie immer mal gab, das von den Brutgeschwistern ständig vom Futtertrog weggepickt und weggezerrt wurde. So saß es denn abends manchmal etwas verloren für sich alleine im Stroh, und da hatte ich mich zu ihm in die Enge gehockt und das zunächst vor mir fliehende Tier auf den Schoß genommen, meine Hände wärmend um seine Füße gedrückt.

Tiere zu halten, um sie zu nutzen, war immer schon eine komplexe und widersprüchliche Angelegenheit. Sie war und ist arbeitsreiche Fürsorge, aber auch Zwang. Sie war Freundlichkeit, aber auch Gewaltanwendung. In der Kultur dieses Nebeneinanders wuchsen wir auf. Beides alltäglich zu praktizieren machte auch unser Denken und Fühlen widersprüchlich und wir mussten darin ein Gleichgewicht finden. Es musste gut gesorgt und es musste gut geschlachtet werden, sauber und ohne Zögern. Nichts verabscheute meine Mutter mehr, als wenn jemand einer Ente oder einem Huhn mit dem Handbeil auf dem Holzklotz den Kopf abschlug und das Tier dann kopflos herumflattern ließ. Auch die jährlich von einem Bauern des Dorfes, der ausgebildeter Schlachter war, auf den Höfen geschlachteten Schweine wurden mit Nüchternheit und Ernst um ihr Leben gebracht: Bolzenschuss, Durchschneiden der Kehle und ausbluten lassen, Borsten abschaben, öffnen, ausweiden. Danach wurde ein Schnaps serviert, zur Stärkung der Nerven und vielleicht der eigenen Lebenskräfte.

Zu dieser Haltung, in die man hineinwuchs, gehörte es auch, eine klare Distanz zu den Tieren einzuhalten. Es geschah selten, dass Katzen und Hunde auf den Höfen mit ins Haus gehen durften. Ich erinnere mich, dass einmal eine Hofkatze, weil jemand die Haustür offen gelassen hatte, sich aus Neugier hineingeschlichen hatte, dann aber, als jemand ihr nachkam und sie fliehen wollte, sämtliche Blumentöpfe vom Fensterbrett fegte und sich immer wieder und zunehmend verstört gegen die Scheiben warf, weil sie keine Fenster kannte, noch nie in ihrem Leben in einem Haus gewesen war.

Die große Nähe zu den Kreisläufen des organischen Lebens, von denen der Mensch lebt, führte dazu, Türen und Fenster sorgfältig gegen alle Tiere geschlossen zu halten. Das traf vor allem Insekten aller Art, die es durch das am Haus befindliche Vieh natürlich immer in großen Mengen gab und die man als Krankheitsüberträger kannte. Wenn anfangs noch die Fliegenfänger über den Küchentischen der Höfe hingen, wurden in späteren Jahren zunehmend Fliegenfenster eingebaut, und bis heute sind im Sommer die Insektenschutzvorhänge aus bunten Plastikstreifen in den Eingangstüren beliebt.

Wo Vieh gehalten wird, gibt es immer eine Art Schleusenraum zwischen Stall und Haus, in den etwa Gummistiefel gestellt, Melkerkittel und Arbeitsjacken und -overalls aufgehängt werden, damit die starken Gerüche aus Stall und Scheune nicht ins Haus, nicht einmal bis ins Badezimmer getragen werden können. Oft ist dies dann auch der Aufenthaltsraum des Hundes, dem damit ein Platz näher zu den Menschen eingeräumt wird als jedem anderen Tier. Aber auch er darf das Haus meistens nicht betreten, denn so ein frei laufender Hofhund hat, wie die Menschen, viel Berührung mit Organischem, mit Mist oder Geburtsschleim und -blut oder Mäusen und Ratten. Nur kann der Hund sich nicht die Hände waschen.

Ihre Wohnung haben die Bauern, sobald sie es sich leisten konnten, streng von den Behausungen der Tiere getrennt. Schließlich hatten sie außerhalb der Wohnung schon nahe genug mit ihnen zu tun.

Das Haus, in dem ich in Berlin arbeite, hat auf den ersten Blick überhaupt gar nichts mit Tieren oder mit dem Schlachten zu tun. Es beherbergt ein paar Katzen, die sich mit geschlossenen Fenstern besser auskennen als mit dem Mausen in der freien Wildbahn. Aber ich weiß, dass die Eigentümerfamilie dieses Haus vor etwa hundert Jahren aus dem Gewinn erwarb, den der Urgroßvater aus dem Großhandel mit Schlachtvieh erlöste. Der Senior der Familie hat mir die Geschichte seines Großvaters erzählt. Er lebt seit vielen Jahrzehnten in dieser Straße, die nur sehr kurz ist. Und doch waren, so sagt er, noch vor etwa fünfzig Jahren fünf bis sechs Fleischereien ansässig. Von den vielen Menschen, Arbeiterinnen, Kleinbürgern und Handwerkerinnen, die in diesen Schlachtereien einkauften, kannten die meisten Handarbeit der einen oder anderen Art noch aus dem eigenen Berufsleben, wussten von der Schwere körperlicher Arbeit, erlebten den hohen Kalorienbedarf und den daraus stammenden Hunger, wenn er nicht gedeckt wurde. Aber sie kannten auch die Festlichkeit einer größeren Fleischmahlzeit am Sonntag, waren sich des hohen Preises von Fleisch bewusst – und des geringen von Kartoffeln, Kohl und Steckrüben, die dann gerne mit Bauch- und Räucherspeck ein bisschen aufgewertet wurden. Ein großer Teil der städtischen Bevölkerung hatte nicht selten selbst noch Großeltern oder Großonkel und -tanten auf dem Land, wusste etwas über Tierhaltung und Schlachten, Rupfen, Pökeln und Räuchern.

Geboren 1874, stammte der Großvater des Seniors aus Wollstein, heute Wolsztyn, ehemals preußische Provinz Posen, etwa zweihundert Kilometer südöstlich von Berlin. Nach seiner Fleischerlehre fuhr da ein junger Mann mit dem Einspänner über Land und handelte mit Vieh, kaufte die ein paar Tage oder Wochen alten Kälber und verkaufte sie zum Mästen an polnische Großgrundbesitzer. Wenn die Tiere fertig gemästet waren, kaufte er sie zurück per Handschlag und Barzahlung mit Goldmünzen, so erzählt man in der Familie. Danach organisierte und begleitete er die Viehtransporte zum riesigen Schlachthof von Berlin-Lichtenberg, der seine eigene Güterstation und Gleisanlage besaß. Berlin war seit der Reichsgründung 1871 explosionsartig gewachsen, die aus den östlichen Provinzen zugezogenen Menschen, die diese Stadt aufgebaut haben, ihre Kanäle ausgeschachtet und die Tunnel für die Untergrundbahn, die ihre Häfen gebaut und an ihren Hochöfen gestanden haben, bevorzugten kräftige Kost. Und in der Leichtindustrie fand noch manches Material vom Rind seine Verwendung, Leder für Schuhe und Taschen und Rindertalg, der verwendet wurde für Seifen und Salben, Schuhcremes und Schmiermittel. In den Schützengräben des Ersten Weltkriegs dienten als Notbeleuchtung noch Talglichter.

Aus Guben, also auch aus dem Osten, kam die Familie Hefter. Ich treffe auf ihr prächtiges Familiengrab auf dem Friedhof nebenan, auf dem ich manchmal auf einer Bank sitze. Im Zentrum der Gedenktafeln wird des Königlichen Hoflieferanten Johann Carl August Hefter gedacht, »Ehrenmeister der Berliner Fleischerinnung«, geboren 1828 in Guben, gestorben 1910 in Berlin. Eine Seitentafel erwähnt Johann Carl Gottlob Hefter, »Fleischermeister in Guben«; sein Sterbedatum von 1800 lässt auf seine Vaterschaft an Carl August schließen. Die Verstorbenen der späteren Generation sind auf den Gedenksteinen der Familie als Ärzte und Juristen verzeichnet. So markiert das Familiengrab eine höchst erfolgreiche Migration aus der Provinz auf der Grundlage des Fleischerhandwerks samt anschließendem Aufstieg in das urbane Bildungsbürgertum und seine Sensibilitäten.

Wer über Viehhaltung spricht, kann über das Schlachten nicht schweigen, zumal wenn die öffentliche Meinung Rinder vor allem als Klimakiller wahrnimmt und schon Bundesminister und Kantinenchefs öffentlicher Einrichtungen damit um Zustimmung werben, vegetarische Esser bzw. Köche zu sein. Eigentlich hatte mir ausgereicht, was Björn Scherhorn dazu gesagt hat, dass man nämlich früh lernen muss, dass der Tod zur Viehhaltung dazugehört. Und auch die Auffassung von Frieda Simon überzeugte mich, dass sie nämlich als Mästerin die Bedingungen des Schlachtens mit verantworten will und deshalb um Weideschuss und mobiles Schlachten kämpft. Trotzdem hier noch ein paar Worte mehr zum Schlachten.

Es geht Fleischessern zunehmend um den schmerz- und angstlosen Tod, dem ein gutes Leben der Tiere vorausgehen soll. Genau so beschrieb es die berühmte Fachfrau für Schlachtanlagen, die amerikanische Biologieprofessorin für Tierverhalten, Temple Grandin. Sie wies einmal darauf hin, dass in religiös kontrollierten Schlachtanlagen von den Schlachtenden ein Lebenswandel verlangt wird, der den jeweiligen religiösen Vorschriften entspricht. Sie fand, dass diese Art der Selbstkontrolle und des Gebets gute Voraussetzungen sind für einen schnellen, schmerzlosen Tod der Tiere. Für sie ist das gute Schlachten daher sogar ein spiritueller Schutz für die Metzger.

Temple Grandin ist eine faszinierende Gestalt in Hinblick auf die Umgestaltung amerikanischer Schlachthöfe, eine »Anthropologin auf dem Mars«, wie sie sich gegenüber dem britischen Schriftsteller und Neurologen Oliver Sacks selbst einmal nannte. Als Autistin hat sie sich, so schrieb sie, immer besonders gut in Tiere hineinversetzen können. Eines ihrer Bücher trägt den Titel: »Ich sehe die Welt wie ein frohes Tier«. Mit dieser Sicht auf die Welt meint Temple Grandin weniger eine bewusste Einfühlung in Tiere als gewisse Ähnlichkeiten zwischen Autisten und Tieren, die durch sehr gründliche Gehirn- und Verhaltensuntersuchungen hervorgetreten sind. Es handelt sich, kurz gesagt, um den Zustand der Angst, in den sowohl Tiere als auch Autisten sehr viel leichter geraten als Nicht-Autisten. Die Verarbeitung von Sinnesreizen im Frontallappen funktioniert bei Autisten und bei Tieren weniger gut als bei Nicht-Autisten, schreibt sie. Bei Rindern kommt hinzu, dass sie mit den seitlich am Schädel angebrachten Augen zwar fast einen Rundumblick von 360 Grad haben, jedoch keine gute Schärfe und Tiefe des Blicks besitzen, besonders nicht auf das, was direkt vor ihnen steht oder liegt. Um etwas direkt vor sich gut sehen zu können, müssen sie den Kopf senken. Was Rinder am meisten irritieren und in Panik versetzen kann, sind Bewegungen und Dinge in ihrem Radius, die sie nicht kennen. Außerdem gehen sie nicht gerne direkt geradeaus, sondern bewegen sich in großen Kreisen. Dass die Professorin Rinder besonders gut versteht und auch mag, hat dazu geführt, dass sie Schlachtanlagen umgestaltet und so verbessert hat, dass die Tiere auf dem Weg zum Schlachten nicht in einen Zustand diffuser Angst versetzt werden.

»Ich weiß noch, wie ich nach der Entwicklung meines Schlachthaussystems den Blick über den Hof schweifen ließ, in dem Hunderte von Tieren in ihren Gehegen standen. Ich fühlte mich bedrückt, weil ich soeben eine hocheffektive Schlachtfabrik entworfen hatte. Und Kühe sind die Tiere, die ich am allermeisten liebe. Damals machte ich mir klar, dass keines dieser Tiere existieren würde, wenn sie der Mensch nicht gezüchtet hätte. Seither ist mir bewusst, welche Verantwortung damit einhergeht: Wir schulden ihnen ein anständiges Leben und einen anständigen Tod.«

Diesen anständigen Tod zu bereiten, ohne dass die Rinder von ungeübten und verständnislosen Mitarbeitern im Schlachthof geschlagen oder in Panik versetzt werden, sah Temple Grandin als ihre Aufgabe. Sie weist darauf hin, dass Tiere in der Wildnis »an Hunger, durch Raubtiere oder an Entkräftung« sterben, und beurteilt das Sterben in den von ihr entwickelten Schlachtungsanlagen als entschieden weniger grausam.

Natürlich würde es unserem Planeten besser gehen ohne die großen Mengen an Geflügel, Schweinen und Rindern, die für unsere Nahrung gehalten und geschlachtet werden. Es ginge ihm auch besser ohne uns, die acht Milliarden Menschen, die auf ihm leben.

Das eine hat, scheint mir, mit dem anderen zu tun.

14 WAS MIT HEILIGEN KÜHEN GESCHIEHT

KÜHE SIND IN INDIEN HEILIG und dürfen nicht geschlachtet werden. Wie ist das historisch zustande gekommen – und wie ist die Situation heute?

Auch Hinduismus und Buddhismus werden zu den Denkansätzen der Achsenzeit gerechnet. Im Hinduismus wurde das Rind selbst heilig und zum Sitz der Götter. Die Achsentugend des Mitleids drückt sich hier seit dem Mittelalter im Schlachttabu gegenüber den Rindern bzw. den Zeburindern aus, und dieses Schlachttabu ist bis heute in Kraft.

In der Vorgeschichte des Industals sind, wie in den anderen Zentren der Weltkulturen, auch Rinder domestiziert worden, und zwar in einer Region, die im heutigen Pakistan und Nordwesten des heutigen Indien liegt. Es waren zwei Arten, die dort zum Aufbau einer produktiven Landwirtschaft genutzt wurden, nämlich Büffel und Zebu. Aus dem zweiten Jahrtausend v. d. Z. hat man an Fundorten wie Harrappa, heute Pakistan, eine aus Bronzeguss gefertigte Darstellung eines Ochsengespanns gefunden – zusammen mit Nachweisen einer Handelsbeziehung zu den Sumerern. Als 1.500 Jahre v. d. Z. die Indo-Iraner, ein nomadisches Volk, auch Arier genannt, mit ihren Viehherden dort einwanderten und sesshaft wurden, war die Indus-Kultur bereits untergegangen. Peter Jaeggi schreibt in seinem Buch »Die heilige Kuh. Eine kleine indische Kulturgeschichte«, dass die Indo-Iraner Stiere opferten und Rindfleisch aßen. Der Legende nach ließ ihr König Rantideva sogar täglich 2.000 Kühe opfern, um dadurch Ruhm und einen sicheren Platz im Himmel zu erlangen.

Die Ursprungsgeschichten aller Kulturen sind komplex und widersprüchlich. In Indien verkomplizieren sich die Dinge durch das für Europäer schwer durchschaubare Kastenwesen, das ursprünglich entstand aus ethnischen und anderen Gruppenzugehörigkeiten, innerhalb derer Heiraten erlaubt waren. Kastenzugehörigkeiten hängen auch zusammen mit der Vorstellung spiritueller Reinheit und verschiedener Reinheitsgrade von Nahrungsmitteln, Tätigkeiten und Menschen. Verallgemeinernd kann man wohl sagen, wer körperlich schwer arbeitet, möglicherweise sogar mit organischer Materie und Schmutz aller Art in Berührung kommt, ist im Zweifelsfall Mitglied einer unteren Kaste und erfährt sozial wenig Achtung. Dagegen waren es Mitglieder der höchsten Kaste, der Brahmanen, die im Mittelalter von Schlachtopfern für die Götter zunehmend absahen und die zur Besänftigung der Götter nur noch die heiligen Opferformeln, die Mantras, benutzten. Es existieren widersprüchliche Zeugnisse darüber, wie alt das Gebot der Gewaltlosigkeit ist, das ein Tötungsverbot für Tiere einschließt. Jedenfalls haben Historiker etwa im 7. Jahrhundert v. d. Z. eine zunehmende Ächtung des Schlachtens festgestellt: Fleisch konnte zwar noch straflos gegessen werden, aber man durfte an die Tiere nicht selbst Hand anlegen und bald nicht einmal mehr mit dem Schlachter sprechen. Zunehmend sollten nur noch von Menschen niederer Kasten Tiere geschlachtet werden, am Ende ausschließlich von Andersgläubigen, etwa Angehörigen der indigenen Völker Indiens, den Adivasi, oder auch Christen und Muslimen.

Gleichzeitig wuchs die symbolische und konkrete Bedeutung der Kuh, so scheint es. In heiligen Schriften wird die Kuh 1.500 Jahre v. d. Z. als Mutter, der Bulle als Vater des Menschen bezeichnet, und es gibt auch hier zahlreiche Ursprungsmythen mit der Kuh als Mutter des Universums, als Lebensgeberin, Mutter aller Wesen. So werden die Kühe Indiens von gläubigen Hindus verehrt, weil sie den Göttern und Göttinnen als Wohnung dienen. Es gibt unterschiedliche Auffassungen davon, welcher Gott und welche Göttin ihre Wohnstätte in der Kuh haben, manche Texte, so Peter Jaeggi, sprechen von 33 Millionen, andere von 280 Millionen Göttern. Eine dieser Göttinnen soll jedenfalls Lakshmi sein, die Göttin des Glücks, des Wohlstands und der Schönheit. Deshalb wird eine Kuh von einem gläubigen Hindu gerne mit der Hand berührt, die er dann zur Stirn führt.

Wer sich in Museen indischer Kunst umsieht, entdeckt viele illuminierte Manuskripte, Bilder und Skulpturen aus Mittelalter und Neuzeit mit dem Motiv der weißen Zebukuh und ihres Kalbes. Diese oft anrührend schönen Kuh-Darstellungen stammen in der Regel aus Illustrationen der Krishna-Erzählung. Man begegnet Krishna, einem dunkelhäutigen, bis heute überaus beliebten indischen Gott, in der heiligen Schrift des Hinduismus, der Bhagavata. Der Legende nach wuchs er unter Kühen auf, hatte Tausende Liebesabenteuer mit Kuhhirtinnen, war selbst Kuhhirt und spielte Flöte. Daneben gibt es viele Standbilder des Nandi, des Stiers, auf dem der Gott Shiva reitet und der als Wächter am Eingang seiner Tempel liegt. Der Stier hat es in einigen dieser Erzählungen selbst zum Gott gebracht, nämlich zum Schutzgott aller Vierbeiner – und der vier Ecken der Welt! –, und seine Mutter ist die Urkuh Surabhi.

Wie steht es heute um die heiligen Kühe im Land des Hinduismus?

Indien hat, so lese ich, knapp 1,4 Milliarden Einwohner, von ihnen sind gut achtzig Prozent Hindus, etwa 13 Prozent Muslime und 1,5 Prozent Christen; hinzu kommen je ein paar wenige Prozente Buddhisten, Sikhs und andere.

Indien ist der größte Milchproduzent weltweit, 105 Millionen Liter Milch werden hier jährlich produziert, mehr als die Hälfte der Milch stammt von Büffelkühen, die nicht als heilig gelten, aber auch die Zebukühe werden gemolken. Die Haltung von Zebu- und Büffelochsen als Gespanntiere ist im Land weit verbreitet, man gebraucht sie sowohl zum Pflügen als auch als Last- und Zugtiere. Siebzig Prozent der indischen Agrarflächen sind kleiner als zwei Hektar, die meisten Bauern sind sehr arm und nutzen deshalb Rinder zum Pflügen und für Bewässerungs- und Transportarbeiten. Ihr Mist wird sowohl zur Düngung der Böden als auch als Baumaterial benutzt – und als Medizin.

»Die Kuh ist ein mobiles Spital«, schrieb ein früher Autor der dreitausendjährigen ayurvedischen Lehre. In der ayurvedischen Medizin werden sowohl Milch als auch Urin und Mist der Kuh in Medikamente eingearbeitet, außerdem in Zahnreinigungspulver, Massageöl und Räucherstäbchen; mit Wasser verdünnter Mist wird als Reinigungsmittel für Fußböden genutzt, weil man ihm eine antiseptische Wirkung zuschreibt. Es gibt zeremonielle Räucherungen, die aus einer Mischung jener fünf »Geschenke der Kuh« bestehen, Milch, ausgelassene Butter namens Ghee, Joghurt, Dung und Urin. Der Rauch reinigt, so die Vorstellung, die Luft und sogar »das Wasser in den Wolken«.

Reinigung und Reinheit sind ein großes Thema im Hinduismus, sie werden materiell und spirituell verstanden – und nicht selten hochprofessionell vermarktet. Es gibt nicht nur ayurvedische Kliniken, sondern auch gut ausgestattete »ayurvedische Kuhställe«, die in eine höchst profitable Verarbeitung von Kuhprodukten für ayurvedische Mittel eingestiegen sind.

Aber die überwältigende Mehrheit der Kuhhalter Indiens sind arme Leute, und Tierschutz für Rinder existiert in Indien nicht. Das Vieh lebt in engen Innenhöfen, angebunden an kurzen Stricken mit wenig Bewegungsfreiheit, und wird dort gemolken. Die Zugtiere werden bei der Arbeit oft geschlagen. Jene heiligen Kühe, die überall im Land und in den Städten auf den Straßen frei umherspazieren, sind von ihren Besitzern freigelassen worden, weil sie krank und unfruchtbar sind und keine Milch mehr geben. Sie ernähren sich von Abfall, nicht selten verenden sie am Plastikmüll, der kiloweise in ihren Mägen gefunden wird.

Muslimische Viehhändler gehen durch die Dörfer und auch gläubige Hindus verkaufen trotz schlechten Gewissens ihre alten Kühe. Die Armut zwingt sie dazu. Natürlich werden diese Kühe geschlachtet und es gibt Tausende Schlachthöfe in Indien, meist von Muslimen geführt. Das traurigste Kapitel in der Gegenwart der Kuhverehrung ist ihre politische Instrumentalisierung durch rechtsnationalistische Hindu-Organisationen. Schon im Unabhängigkeitskampf Indiens wurde die Kuhverehrung von nationalistischen Kreisen stark propagiert und als Element im antikolonialen Widerstand benutzt. Seit Hindu-Nationalisten das Land regieren, wird die Verehrung der Kühe zunehmend für antimuslimische Hetze benutzt – auf die muslimische Organisationen vermehrt mit Bombenanschlägen reagierten. Regelmäßig werden seither irgendwo in diesem riesigen Land Kampagnen angezettelt zum Verbot der Kuhschlachtung. Demonstrationen von Tausenden aufgehetzter Teilnehmer werden durch die Straßen geführt, Moscheen angegriffen und Befreiungsaktionen in Schlachthöfen inszeniert. Anschließend übergibt man die ›geretteten‹ Tiere in politischem Triumph an Tierasyle, sogenannte Goshalas. In diesen Asylen, in die oft auch verletzte, von Autos und Mopeds angefahrene oder von hungrigen Hunden angefallene Straßenkühe gebracht werden, wird die Arbeit mit den Kühen als religiöser Dienst verstanden, sie werden gefüttert, getränkt und gestriegelt. Tote Kühe werden am Ende mit religiösen Riten begraben, nicht selten aber auch nur außerhalb der Dörfer abgelegt. Um sie kümmern sich traditionell die Geier. Einige wenige Goshalas werden durch sogenannte Kuhpatenschaften in Europa auskömmlich finanziert, ein Akt gönnerhaften Tierschutzes, scheint mir, der im schlimmsten Fall der hinduistischen Rechten und ihren antimuslimischen und zunehmend auch militant antichristlichen Kampagnen in die Hände spielt.

Die meisten Asyle aber können ihre Rinder nur schlecht versorgen. Es fehlt den Tieren – wie einem großen Teil der Menschen in Indien auch – vor allem an sauberem Wasser. So werden Mensch und Tier von Parasiten und Giften gequält, die aus verunreinigtem Wasser stammen.

Trotz allem ist der Rindfleischverzehr in Indien überraschend weit verbreitet, heißt es, besonders bei den immerhin fast 104 Millionen Adivasi. In Südindien findet man Rindfleisch auf den Speisekarten teurer Restaurants, und selbst die Hindu-Mittel- und -Oberschicht isst zunehmend Rindfleisch, wenn auch keiner der gut verdienenden Businessmänner seiner Frau zumuten würde, Rindfleisch im eigenen Haus zuzubereiten.

Erinnern wir uns: Auch die alten Erd- und Feuergötter der frühen Entstehungsmythen verlangten Fleisch als Speisung. Selbst der jüdisch-christliche Gott zog noch den Hirten Abel vor, der ihm Lammfleisch opferte, während er dem Ackerbauern Kain und seinen Pflanzenopfern nicht gnädig war. Eine fatale Entscheidung, die in der Bibel den ersten Brudermord motivierte.

15 AUF DEM HOF MEINES BRUDERS IM HERBST

ES IST OKTOBER und nach den frühen hellen Sommermorgen inzwischen wieder stockdunkel, wenn es um halb sieben in den Stall geht. Ich eile mit Waldemar, Anna und Hannes aus dem Haus, aber dann muss ich noch einmal rein, Papier und Stift holen.

Stiefel aus, Stiefel an.

Der Stall hat die drei inzwischen verschluckt.

Ich treffe Hannes am Stallcomputer, er schreibt sich die Nummern der Kühe auf, die noch einmal zum Melken getrieben werden müssen, andere sind laut gemessener Parameter in die Brunft eingetreten, müssen also besamt werden, vielleicht am Abend. Ich will mit ihm in den Stall, aber er lässt mich heute nur auf dem Futtergang mitlaufen. Die Kühe sind wohl zu nervös. Oder vielleicht ist auch er zu nervös. Die letzten Erntetage des Jahres sind angebrochen.

Ich schließe mich Anna an, die gerade mit der Milch für das kleinste Kalb vorbeikommt, gehe mit zu den Iglus. Eine der vielen Katzen, Teil der kleinen Katzenarmee gegen die im Herbst einsetzende Mäuseplage, folgt uns, vielleicht hat sie im Melkstand nicht genug Milch abbekommen und hofft, dass hier noch etwas für sie abfällt.

Das jüngste Kalb trinkt nicht so gierig, wie ich es sonst kenne. Annas wissende Hand greift das Kälbermaul, legt es um den Gummisauger und drückt auf den Gummi, dass Milch ausströmt und das

Kalb keine Luft, sondern Milch saugt. So lernt es, dass dies der Ort seiner Nahrung ist. Aber im Moment ist es wenig interessiert.

»Das ist meistens so«, sagt Anna. Das Neugeborene wird dreimal gedrencht, und wenn die Kälber dann das erste Mal selbst saugen sollen, sind sie manchmal noch zu satt, um die Milch aus der Gummizitze interessant zu finden. Aber schon bei der nächsten Mahlzeit, versichert Anna mir, wird es die Zitze annehmen.

Die wenigen Kühe, die aus verschiedenen Gründen im Moment nicht vom Roboter bedient werden, sind im Melkstand längst ausgemolken, die Boxen gekalkt, alle Kälber versorgt. Anna geht mit einem kleinen Eimer frischer Milch ins Haus und bereitet das Frühstück vor.

Inzwischen ist es etwas heller geworden. Im Blick durch die im Herbst noch offenen Stall- und Schiebetüren unterscheide ich Maschinenhalle und Bäume hinter ihr, davor den Trecker und das Gesträuch am Straßenrand. Der Hund, die alte Betty, liegt mitten auf dem Hof und jedem im Weg, aber sie ist die Chefin und bellt alles an, was hier nicht hergehört. Manchmal wirkt sie schon ein bisschen wunderlich, denn sie sieht nicht mehr gut und findet manches fremd, was vielleicht einfach nur an einer anderen Stelle auf dem Hof steht oder liegt als sonst.

Nach der Runde mit Anna finde ich Hannes noch einmal im Stallbüro, jetzt sieht er sich Wetterberichte an, vergleicht zwischen verschiedenen Agenturen. Von allen wird jetzt Regen angesagt, und ab Mitte der kommenden Woche soll es überhaupt eine ganze Woche lang regnen. Zwanzig Hektar Gras müssen aber noch gemäht und siliert werden, bevor Gülle ausgebracht werden kann, und ab dem 1. November darf keine Gülle mehr auf die Felder gefahren werden. Nur noch drei Wochen Zeit.

Wichtiger ist im Moment, dass etwas an der Mineralfütterung hakt. Senior und Junior sehen sich gemeinsam die Steuerung an, vergleichen ihre Handys, tatsächlich kann vieles im Betriebsablauf darüber geregelt werden. Aber jetzt gibt es offenbar einen mechanischen Fehler bzw. ist ein Behälter leer. In einem der Rohre klappert die Schnecke, die das Futter vom Lager bis zum Futterroboter durch das Rohr treibt. Hannes klettert hoch zum Lager, leert zwei 25-Kilo-Säcke in den Behälter, klettert runter, das Klappern hört auf, aus dem Rohr fließt wieder Mineralfutter und wird im Futterroboter mit Gras- und Maissilage vermischt.

Über den Hof zieht mit lautem Geschrei eine Schar Wildgänse, fast streifen die Vögel die Baumkronen, so niedrig fliegen sie.

Im Vorbeilaufen wechselt Hannes in einem der Robotermelkfilter das Filterpapier aus. Dann springt er auf den wendigen kleinen Hoflader, mit dem hier viel gehoben, geschoben und gefegt wird, und bringt die spezielle Futtermischung den trockenstehenden Kühen zum benachbarten Stall. Der Hof nebenan kam hinzu, als der letzte Erbe ihn verkaufte und mein Bruder, der die Ländereien haben wollte, auch die Gebäude nehmen musste.

Ich gehe zu Fuß rüber, um mir den nach und nach für die trockenstehenden Kühe zurechtgebauten Stall anzusehen. Das schmückende Eisenrelief »Bauer pflügt mit Pferd«, das schon bei unserem alten Nachbarn Edu an der Stallwand hing, ist an einer Seite abgegangen, eine Schraube wohl gerostet, und so zieht jetzt das Pferd den Bauern direkt in den Abgrund. Auf dem Dach wippen ein paar Bachstelzen mit den Schwänzen, und die hochbetagte Haflingerstute Biggi, Anschaffung einer meiner Nichten, die längst nicht mehr hier wohnt, guckt aus der Stalltür und will herausgelassen werden. Das Pferd ist Annas Arbeit, aber die kocht jetzt erst einmal den Kaffee und bereitet das Frühstück. Biggi kommt sowieso erst auf die Weide, wenn das morgendlich betaute Gras etwas abgetrocknet ist.

Während ich zurückgehe und mir die Stiefel ausziehe, fliegen Kraniche laut rufend über den Hof. Wir setzen uns zu Tisch und warten, denn Hannes ist noch nicht fertig, er füttert die Jungrinder in einem weiter entfernt liegenden, hinzugepachteten Stall. Aber eine

Viertelstunde später sitzt er bei uns und wir beginnen gemeinsam mit dem Frühstück.

Der Tag ist windstill, manchmal kommt sogar ein wenig die Sonne durch. Heute werden Arbeiten erledigt, die man machen kann und muss, die aber nicht ganz so dringend sind. Waldemar und Hannes fangen jedenfalls nichts Größeres an, denn eigentlich warten sie, ob der Nachbar anruft, womöglich kommt um 18 Uhr noch der Maishäcksler, dann geht es sofort los aufs Feld und das Vieh muss vorher besorgt sein.

Selbst beim Warten geht hier alles immer nur im Sturmschritt vor sich.

Erst als ich am frühen Abend zum Jungviehstall mitfahre, Hannes dort nach dem Füttern noch ein kaputtgegangenes Halsband bei einem der Tiere ersetzt, kommt eine Nachricht zu ihm aufs Handy. Morgen früh um sechs sollen er und Waldemar sich mit zwei Treckern und Wagen am Maisfeld des Nachbarn einfinden.

Als wir wieder auf dem Hof sind, sehen wir, dass die hoch tragende Sterke nervös ist, sie legt sich hin, steht wieder auf, atmet pustend und käut nicht wieder. Sie sieht mich hilflos an.

Der Futterroboter zieht seine Bahnen, zwischendurch stellt er die vier verschiedenen Futtermischungen her, für die laktierenden Kühe, Kühe im Übergang, Frischgekalbte und Jungrinder. Nach dem Melken zeigt der Junior dem Senior ein paar Kniffe am Computer. Es geht um die Steuerung des Futterroboters. Vor dem Abendbrot wird noch eine Besamung gemacht. Die Sterke frisst inzwischen wieder, vielleicht auch nur, weil der Roboter vorbeikam und frisches Futter brachte. Nach dem Abendbrot guckt noch jemand zur Sterke, ein Fuß ist vom Kalb schon zu sehen, aber Hannes meint, es ist noch nicht so weit. Um 21 Uhr steht Anna vom Sofa auf und sieht nach. Alleine holt sie das Kalb, das beinahe schon ganz da war.

Während ich mitlaufe auf dem Hof und im Stall, nehme ich wahr, was geschieht. Ich frage und denke nach, erinnere mich. Ich sehe die beginnende dunkle Jahreszeit, die sich langsam verkürzenden Tage. Sie münden in eine Dunkelheit, in der es im Dezember und Januar kaum ein paar Stunden lang Tag ist.

Solch einen Tag in schütterem Licht, kaum begonnen schon erloschen, hat Pieter Brueghel gemalt, es heißt »Düsterer Tag«. Als ich es einmal in der Galerie sah, in der es mit anderen Brueghel-Gemälden hing, wirkte es im ersten Moment vollkommen schwarz, im Näherkommen sah man ein paar helle Flächen, es waren die Jacken und Hosen der Arbeitenden, dann auch Rottöne und ein dunkles Blau. Der Rest des Bildes bestand in Braun-, Blau- und Schwarztönungen von unterschiedlicher Intensität, eine Landschaft mit Häusern, Bäumen im Vordergrund, einem Fluss und fernen Bergen, die das Auge ebenso in die Weite führten wie der von schweren Wolken verhangene Himmel. Alles miteinander aber wirkte ungeheuer verlassen – obwohl da im Vordergrund doch ein paar Menschen in der Landschaft herumwerkeln, Bäume beschneiden und Holz sammeln. Auf dem breiten Fluss gehen zwei Schiffe unter, ähnlich unbeachtet wie der Sturz des Ikarus in einem anderen Brueghel-Gemälde, das im Vordergrund den pflügenden Landmann groß herausstellt, der den abgestürzten und im Meer ertrinkenden Ikarus nicht sieht. Und während man die Ikarus-Geschichte eben doch noch bis heute kennt, weiß keiner die Namen der Säer und Pflüger – und auch nicht derer, die Bäume beschneiden und Holz sammeln oder an Häusern herumwerkeln, damit die Dächer den nächsten Winter überstehen.

Es gibt solche düsteren Tage, in denen einem die Dunkelheit in den Kopf kriecht und einen an allem zweifeln lassen und kräftig zusetzen angesichts von Schwierigkeiten, oder auch einfach nur des alltäglichen Trotts.

Alle Arbeit auf einem Milchviehhof kreist um die Tiere, ihre Gesundheit, ihren Hunger und Durst, ihr Bedürfnis nach trockenen Liegeplätzen, einer hellen, weitläufigen Umgebung. Alles muss so eingerichtet sein, dass eine Kuh ohne Angst in ihrer Herde lebt und in Ruhe dem Geschäft nachgeht, für das der Mensch sie hält.

Es wird inzwischen viel Technik um das Milchvieh herum eingesetzt, sogar Robotik beim Melken, Füttern und Entmisten. Es geht um Pumpen und Saugen, Rühren und Schieben, Greifen und Heben, Laden und Entladen, ums Säubern und Desinfizieren. Das alles war jahrtausendelang schwere körperliche Arbeit, die von Sklaven, leibeigenen Bauern, von Landarbeitern und immer auch von Frauen gemacht wurde. Und es wird weiterhin viel Handarbeit um die Kuhherden und Kälber herum geleistet, das Melken der Frischgekalbten etwa, das Säubern und Kalken der Liegeboxen, das Tränken der Kälber, bei allem der sorgfältige Blick auf das Vieh und das Warten und Reparieren von immer komplizierter werdenden Maschinen.

Mit all dem vergehen die Jahre.

Lassen die Kräfte nicht nach? Müssen die Jungen nicht überlegen, wie es ohne die Alten weitergeht?

6.30 Uhr, Waldemar geht müde zum Melkstand. Nachts wurde er zweimal telefonisch alarmiert, die Fehlermeldung des Roboters wurde ans Handy geleitet, also musste er aufstehen und den Futterroboter wieder in die Bahn schubsen. Man spricht ihn jetzt lieber nicht an. Alle tun schweigend ihre Arbeit. Anna schiebt Kuhmist vom Beton – Mr. Mister schiebt nur auf den Spalten –, sie streut Kalk in die Boxen, hat die Tiere im Blick.

Hannes ist wieder im Büro, er bestellt im Internet neue Bockrollen für den Futterroboter, das sind Räder, die sich durch eine eigene Aufhängung in alle Richtungen drehen können.

Die zum Besamen schon aussortierte Kuh will zurück und muht empört. Das ihr vorgelegte Futter übersieht sie, es ist das Getrenntsein von der Herde, das ihr missfällt. Als eine zweite Kuh aus ihrer Herde hinzukommt, wird sie ruhiger. Insgesamt müssen heute vier

Kühe besamt werden, die laut Aktivitätsmessung bereit sind zur Empfängnis.

Der frisch gefüllte Futterbehälter fährt vorbei zu neuer Futterausgabe. Hannes stoppt ihn, fährt mit dem Hoflader in den Futtergang und schiebt erst einmal alle Futterreste zusammen und rüber zu den Jungrindern. Die Kühe kriegen frisches Futter.

»Für die Milchkühe nur das Beste!«

Hannes ist wegen der nicht recht funktionierenden Robotik mit allem später dran. Die Arbeiten werden im beschleunigten Sturmschritt erledigt. Ich merke, wie langsam ich bin.

Auch der Weg für den Roboter ist inzwischen gesäubert. Hannes stellt ihn wieder an, er fährt los, funktioniert aber nur eine Weile und gibt in der zweiten von ihm bedienten Reihe kein Futter aus. Womöglich muss Hannes heute mit dem alten Futterwagen füttern und dann neue Rollen anbauen.

Aber eigentlich müsste er jetzt zuerst die restlichen Kühe aus der Herde holen und mit dem Besamen beginnen.

Was zuerst? Alle warten auf ihn, die Tiere und auch der Vater, der die Melkstandgruppe fertig gemolken hat.

7.40 Uhr, es wird langsam hell.

Anna geht vorbei mit frischer Biestmilch zum Drenchen des neuen Kalbes.

Ein einzelner Kranich fliegt über den Hof, ruft erbärmlich, hat offenbar seine Gruppe verloren.

Viele Katzen wieseln umher, eine lockt ihre zwei Kleinen zum Napf, aber sie stürzen wieder zurück in ihr Versteck, als sie den großen Hund sehen.

Wind fährt durchs trockene Laub, es raschelt leise.

Hannes lenkt den inzwischen leeren Futterroboter per Handsteuerung zur Andockstelle. Es ist schönes, trockenes Wetter, man könnte wunderbar Gülle fahren. Aber zuerst müssen neue Räder – Stück 750 Euro – angebaut werden, daran könnte es jedenfalls liegen, dass der Roboter ständig aus der Bahn getragen wird. Noch während des Radwechsels wird der Behälter automatisch neu gefüllt. Junior und Senior bauen die alten Räder aus, dann die neuen an. Es dauert gut eine Stunde. Sie haben die Schrauben gezählt. Sind alle wieder dran? Ja, sind sie.

Der Futterroboter holt nur langsam wieder auf. Die Kühe drängen sich am Futtertisch, sie sind hungrig geworden, weil sie auch schon nachts nicht ausreichend zu fressen bekommen haben.

Ich gehe inzwischen mit zum Kälbertränken, das kleinste Kalb lernt gerade, aus dem Nippeleimer zu trinken. Beim Vorübergehen am Abkalbestall sieht man die hoch tragenden Kühe wiederkäuen.

Endlich Frühstück, es ist schon zehn Uhr.

Später gehe ich mit Hannes noch einmal in den Stall. Es ist inzwischen ruhiger geworden, alle Kühe fressen, einige liegen schon in den Boxen und käuen wieder. Es werden die übrigen Kühe besamt. Morgen kommt Sören, der Mann, der Hannes unterrichtet hat. Er wird die Trächtigkeit von ungefähr zwanzig Tieren untersuchen, also prüfen, ob Hannes es alleine gut hinkriegt. Außerdem soll er mit ihm die sogenannte Anpaarung machen, und mein Neffe erklärt mir, dass es darauf ankommt, Kühe mit bestimmten Schwächen mit Bullen zu paaren, die genau in dem Bereich Stärken haben – ob Milchleistung, Körperbau, Euterform, Klauengesundheit usw. Es gibt viele Kriterien, die bei guter Paarung dafür sorgen sollen, dass die Schwächen dieser Generation in der nächsten möglichst ausgeglichen werden.

Bei der Besamung legen die Kühe die Ohren an. Einmal wird der Samen eines genetisch hornlosen Bullen genutzt. Nachdem Hannes die Besamungen im Computer vermerkt hat, fahre ich mit ihm zum Jungrinderstall. Da ist eigentlich nichts zu tun, Hannes schiebt nur ein bisschen Futter vor die Mäuler. Ich frage, was wir hier machen.

»Ach, ich hab mich nur mal bei ihnen sehen lassen«, sagt Hannes, fast ein wenig verlegen. Ich begreife, dass dieser Gang eine jene Kontrollen ist, die sowohl für die Herde als auch den Bauern täglich die Ordnung der Dinge herstellt.

Endlich kann Hannes mit dem Güllefahren beginnen. Es ist dringend, denn morgen soll es regnen und sogar gewittern, selbst eine Sturmflut an der Nordsee ist angesagt.

Tatsächlich wird Hannes an diesem Abend bis um 23 Uhr Gülle fahren.

Am nächsten Vormittag kommt nach dem Viehbesorgen Sören, früher Besamungstechniker, jetzt unterrichtet er das Besamen und berät die Milchbauern, die inzwischen selbst besamen, und nennt sich nun Repro-Coach, verkauft für seinen Arbeitgeber auch das Bullensperma. Heute ist er hier, um die Kühe auf Trächtigkeit zu untersuchen. Die Besamungen hat Hannes schon selbst gemacht. Die letzte Kontrolle vor ein paar Wochen fiel so mittelprächtig aus. Beim Untersuchen spricht er mit den Tieren, aber die Kühe bleiben trotzdem nicht ganz so ruhig wie bei Hannes, den sie kennen.

Seine Befunde sind unglaublich genau. Er tippt fast immer richtig bei der Frage, wie lange besamt ist, er kann es an der Größe der Embryonen fühlen, und auch bei Nichtträchtigen fühlt er, in welcher Phase des Zyklus die Tiere sind, vor allem kurz vor dem Eisprung. Bei einer Kuh, die Hannes neulich nur schwer besamen konnte, prüft er nach, was bei ihr los ist. Ah ja, da liegt die Zervix quer, bzw. ist sie leicht nach unten gebogen, man muss sie etwas anheben, sagt er. Eine Kuh ist mit Zwillingen tragend, aber einer der Embryonen könnte noch absterben. Er meint, man soll diese Kuh in jedem Fall früher trockenstellen.

Bei einer Kuh, die nicht trächtig geworden ist, empfiehlt er Prostaglandine – was er auf diesem Hof nicht so oft macht. Einige Höfe lassen diese Hormongabe fast grundsätzlich machen, aber er kontrolliert lieber einmal mehr, schließlich gibt es Gründe für mangelnde Fruchtbarkeit, denen man nachgehen müsste, findet er und ist sich mit Hannes einig.

Zwischendurch kontrolliert er die Arbeitsweise seines Schülers, lässt sich von ihm nicht nur das Besamen zeigen, sondern auch, wie er mit dem Auftauen des Spermas und prinzipiell mit der Hygiene umgeht.

Ich frage, welche Probleme aus den Viehbetrieben, die er betreut, bei ihm ankommen. Er sagt, dass es im Großen und Ganzen um die Beratung geht, also wann und bei welchen Kühen es sich lohnt, das teure gesexte Sperma einzusetzen – das weibliche für gute weibliche Nachzucht – oder das männliche mit einer Fleischrasse, um gut Fleisch ansetzende Bullenkälber zu bekommen. Nicht selten muss die Herde auch verkleinert werden, dann will man wissen, welche Kühe am besten weitergezüchtet werden sollen und welche nicht.

Bevor er sich verabschiedet, klopft er Hannes auf die Schulter, denn mit den Ergebnissen ist er insgesamt sehr zufrieden, zumal, wie er sagt, bei Hitzewetter die Kühe viel schwerer tragend werden.

»Man merkt es neun Monate später ganz deutlich an der geringen Zahl der Kalbungen.«

16 VOM GEHÖRNTEN TEUFEL ZUR KLEINEN WEISSEN KUH MIT DER GEIGE

WAS GESCHAH MIT DEN KÜHEN, Ochsen und Kälbern, nachdem im 5. Jahrhundert das Christentum zur Staatsreligion im Römischen Reich wurde?

Zusammen mit ihren Göttern und Göttinnen verschwanden auch sie. Nur manchmal noch kehrten die den alten Göttern zugeordneten Rinder in christlichen Erzählungen und Bildern wieder, oft auch nur Körperteile oder Attribute von ihnen, und zwar weiterhin in extremer Umwertung zum Negativen. Auf diese Weise setzte sich die Zerstörung des Goldenen Kalbs als Bild des falschen Gottes fort. So auch, wenn der Widersacher Gottes, der Teufel, beschrieben wird als »eine große, monströse Erscheinung mit Hörnern auf seinem Kopf, gespaltenen Hufen, oder einem gespaltenen Huf, Eselsohren, Haaren, Klauen, feurigen Augen, schrecklichen Zähnen, einem riesigen Phallus und Schwefelgestank«.

Hörner, ein gespaltener Huf, ein großes Sexualorgan, das lässt an alt-orientalische und römische Stiergötter und diverse Fruchtbarkeitsrituale denken. Im frühen Mittelalter wusste noch fast jeder Einwohner Europas, wie gefährlich es ist, einem Bullen in die Quere zu kommen, der von einer brunftigen Kuh angezogen wird. Mit ihrem bildhaften Verweis auf Gefährlichkeit und Sexualität des Stiers als Gegenbild zu christlicher Frömmigkeit verdeutlichte die frühe Kirche auch ihre Gegnerschaft zum Stierkampf, eine kulturelle Besonderheit der Mittelmeerregion, in der sich die Kirche in ihrer Anfangszeit bewegte. Dem Töten eines Bullen vor großem Publikum als Höhepunkt eines Spieles zwischen Mensch und Tier, das auch auf das Tierische im Menschen verwies und einem selbstmörderischen, männlichen Exhibitionismus frönte, musste die Kirche von Anfang an mit heftiger Ablehnung gegenüberstehen. Ab dem 13. Jahrhundert existieren schriftliche Zeugnisse dieser Gegnerschaft. Ob es das kretisch-minoische Kampfspiel mit den Stieren war, das an die Mesalliance einer menschlichen Frau mit einem Stier erinnerte, oder die westkeltischen Stier- und Fruchtbarkeitskulte, die sich schließlich zu Stierhetze und Stierkampf in Spanien entwickelten – die Kirche musste diese heidnischen Fantasien um Sperma, Kampf und Blut ablehnen. Hunderte von Jahren versuchte sie, Stierkämpfe zu verbieten, manchmal gelang es ihr, meistens jedoch nicht für lange.

Freundschaftliche Beziehungen zwischen Tieren und Menschen hat die Kirche in ihren Bilderkosmos gerne aufgenommen. Dazu gehören Geschichten von frühen Kirchenvätern und -müttern, in deren Legenden manchmal Tiere auftraten, die dann zu ihren Zeichen wurden – so der zahme Löwe für Hieronymus, der dem hinkenden Tier in der Wüste begegnet war, ihm den Dorn aus der Pfote entfernte, woraufhin der Löwe den Heiligen überallhin begleitete. Auch Rinder durften dazugehören wie in den Heiligengeschichten von Isidorus und Gunthildis. Da lebte einst in Madrid ein einfacher Knecht namens Isidor, der ein besonders frommes Leben führte. Als sein Herr ihn einmal vom Beten erschöpft eingeschlafen unter einem Baum fand, da pflügten, so heißt es in der Legende, an seiner Statt zwei Engel mit zwei weißen Stieren das Feld. Aus eben solcher Schlichtheit und Gottesfürchtigkeit ergab sich die Geschichte der heiligen Gunthildis von Suffersheim, einer einfachen Magd, die ähnlich wie ihr spanischer Kollege Isidorus ein ärmliches und gottgefälliges Leben führte. Zu ihren großen Lebensfreuden gehörte es, den Armen von der Milch der Kühe abzugeben, die sie für ihre Herrschaft zu melken hatte. Als ihr Herr sie einmal mit der gestohlenen Milch erwischte und fragte, was in dem Gefäß sei, das sie bei sich trug, behauptete sie, es sei nur Lauge darin. Als sie das Gefäß öffnen musste, so die Legende, hatte sich die Milch wunderbarerweise in Lauge verwandelt. Als Attribute werden der heiligen Gunthildis gerne ein Milchkübel, ein Käselaib und eine Kuh beigegeben. Sie gilt als Schutzpatronin der Dienstboten, aber man betete zu ihr auch um den Schutz gegen Viehseuchen. Aus ganz anderem Holz geschnitzt war die alte und mächtige irische Kirchenmutter und Klostergründerin Brigida von Kildare, die zusammen mit Patrick und Columban zu den drei Schutzpatronen Irlands zählt. Auch sie wird gerne mit einer Kuh und anderem Vieh gezeigt, so etwa in einem Fenster der Pfarrkirche von St. Cyriakus in Krefeld, das noch 1929 die Heilige mit zwei Kühen abbildet. Tatsächlich gehört diese Heilige aber zu jenem Typus heiliger Frauen, bei dem eine frühe, in diesem Fall eine keltische Göttinnengestalt von der Kirche aufgenommen und umgeformt wurde. Denn das Eingemeinden und Eingliedern älterer Glaubenssysteme, ihrer Feste und besonderen Orte gehörte immer zur Entwicklung von Religionen hinzu. So wurde etwa im 5. Jahrhundert aus einem alten Mithrasheiligtum, einer Höhle am Monte San Angelo im italienischen Apulien, ein Ort der Verehrung des heiligen Michael. Wo früher das Blut eines heidnischen Stiers rituell vergossen wurde, damit es die Erde benetzte und fruchtbar machte, verehrte man jetzt den heiligen Michael. Im Traum eines Bischofs hatte der Erzengel Michael auf genau diese Höhle am Monte San Angelo gezeigt, weil er dort einen Stier gerettet hatte; durch sein Eingreifen war der Pfeil, der das Tier töten sollte, im Flug umgekehrt und hatte den Schießenden selbst getroffen.

Allgemeingültiger als viele regionale Geschichten ist die Vorstellung davon, dass der Stier das Opfer per se versinnbildlichte. So ist das Rind das Symboltier des Apostel Lukas, wo es für den Opfertod Jesu steht, manche sagen auch: für die Stärke des Glaubens. Eine der schönsten Darstellungen des Lukas'schen Ochsen oder Stiers habe ich in der Skulpturensammlung des Berliner Bodemuseums angetroffen. Von Tilmann Riemenschneider im frühen 16. Jahrhundert aus Lindenholz geschnitzt, liegt er neben dem sitzenden Evangelisten, der den Kopf ein wenig geneigt hält. Der kleine Stier sieht auf zu Lukas, wie ein treuer Hund, und der Evangelist legt seine linke Hand auf den Nacken des Tieres, Abbbild einer vertrauensvollen Beziehung.

Und selbst noch der Ochse, der zusammen mit dem Esel an der Krippe des neugeborenen Jesuskindes steht, ist ein Symboltier. Viele Jahre habe ich Kühe – außer zu Besuch bei Eltern und Bruder – nur noch in Kunstgalerien angetroffen. Da war es immer wieder jenes Rind, das zusammen mit dem Esel an der Krippe stand. Angeblich war es ein Ochse, aber meistens fand ich das Tier zu zartgliedrig gemalt und erkannte in seinem Kopf und Hals nicht das Zugtier, das ja ein Joch über dem sprichwörtlichen Stiernacken zu tragen hätte. In den steinzeitlichen, saharischen, sumerischen und ägyptischen Darstellungen von Rindern wird man über das Geschlecht der Tiere nie im Unklaren gelassen. Die christlichen Künstler waren in dieser Frage mehr schamhaft als informativ, meistens versteckten sie den Leib des Rindes im Dunkeln oder im Hintergrund, während sich im Vordergrund des Bildes prominent die Heilige Familie präsentierte.

Neulich bin ich einmal wieder in der Gemäldegalerie gewesen, um mir die Tiere anzusehen, die auf den Bildern von der Weihnachtsgeschichte ihren Auftritt haben. Ein paar Schafe und Hirten sind dabei, aber immer stehen oder liegen da jeweils nur ein einzelnes Rind und ein einzelner Esel, von denen man im Übrigen nicht weiß, wem sie gehören. Manchmal stehen sie als winzig kleine Gestalten im Hintergrund, beugen ihre Köpfe nieder zu Krippe und Kind. Dann wieder ist das Rind groß und zentral im Bild, sein Kopf schwebt über dem Kind, das auf einem Tuch nahe am Boden von Engeln gehalten wird, das alte Opfertier im Blickfeld des zukünftigen neuen Opfers. Ich spaziere von einem Raum zum anderen. Einmal ist der ganze Körper des Ochsen zu sehen, er steht an der Krippe und zieht ganz lebensecht mit erhobenem Kopf und geöffnetem Maul das Heu aus der Raufe. Und dort drüben sind er und der Esel fast körperlos, nur als Zeichen anwesend, wie sie, der eine mit Hörnern und der andere mit langen Ohren, auf Goldhintergrund an der Krippe emporwachsen wie fremdartige Pflanzen.

Die Krippentiere sind den meisten von uns schon aus der Kindheit vertraut, und doch gehören sie erst seit dem 4. Jahrhundert zur Weihnachtsgeschichte. Sie werden in keinem Evangelium erwähnt, nicht einmal bei Lukas, der das Geschehen um Jesu Geburt am ausführlichsten beschrieben hat. Woher also stammen sie?

»In der Mitte zwischen zwei Tieren wirst du dich offenbaren«, heißt es beim Propheten Habakuk, und im Prophetenbuch des Jesaja, der die Gottesferne Israels beklagte, liest man im ersten Vers: »Ein Ochse kennt seinen Herrn und ein Esel die Krippe seines Herrn; aber Israel kennt's nicht und mein Volk versteht's nicht.« Nach dieser Interpretation sind die Tiere an der Krippe eine Beigabe frühchristlicher Kirchenmänner, die für die Dummheit der Heiden ein Bildsymbol brauchten und den Esel dafür nahmen. Für die Hartnäckigkeit der Juden wählten sie den Ochsen mit seinem harten Nacken aus, denn die Juden hatten ja daran festgehalten, dass dieser Jesus nicht der Messias war, auf den sie warteten.

Ausgerechnet den Tieren werden Ausgrenzung und kirchliche Judenfeindschaft auferlegt. Solange ich das nicht wusste, bin ich gut gelaunt zwischen den gemalten Ochsen und Eseln umhergegangen und habe mich an ihnen gefreut. Etwa auch über jenes Tier, das für mich eher wie eine junge Kuh aussieht, die die Heilige Familie als Mitflüchtling auf den Weg nach Ägypten begleiten darf. Beschwingt und heiteren Auges sieht sie sich in der fremden Landschaft um.

Auf einem anderen Bild schwebt unter einem Baldachin und fast schon im Himmel, eine Maria mit Kind. Unter ihnen sind winzig klein der Esel und der Ochse platziert. Ehrfurchtsvoll heben sie ihre Köpfe zu Mutter und Kind, aber mit ihren Hufen stehen sie fest auf der Erde, auf dem Boden ihrer Tatsachen, ihres Arbeitsalltags. Für mich sind die Tiere wie der rote Punkt auf einer Landkarte – und sie waren es vielleicht auch für die Bauern und Bäuerinnen des frühen Mittelalters. Der Punkt verkündet: Du befindest dich hier, nämlich wo Ochse und Esel und Schafe sind. Womöglich haben nur diese Tiere und ihre Hirten, denke ich jetzt, eine an sich ganz und gar unglaubliche Geschichte glaubhaft machen können: Dass eine Jungfrau ein Kind bekommt und dass Könige sich vor einem Säugling verneigen, das armer Leute Kind ist.

Fast 2.000 Jahre lang hatte die Kirche ein Monopol auf die Bilder und Sinnbilder des Lebens der Christen in Europa. Aber mit dem frühbürgerlichen Protest gegen die Kirche entfernte sich die Kunst von den »katholischen Themen«, den vielen Geburten, Kreuzigungen und Kreuzabnahmen Jesu, den Madonnen, Folterungen der Heiligen und bedrohlichen Darstellungen des Jüngsten Gerichts. Sie wandte sich dem Reichtum der bürgerlichen Gesellschaft zu, dem Bürgerporträt, den Handelsschiffen, den Stillleben und Genrebildern ländlichen und städtischen Lebens. Zum Kennzeichen des materiellen Reichtums gehörten bald auch Viehdarstellungen, besonders von Kühen. In einer »Flucht der Heiligen Familie«, die irgendwo im Hintergrund an einem fernen Waldrand gerade noch von hinten zu sehen ist, schafft es der Maler Roelant Savery 1624, 13 Kühe unterzubringen, die den Vorder- und Mittelgrund ausfüllen. Bekannter als er wurde eine Generation später Paulus Potter, dessen »Junger Stier« – in vielen Varianten zusammen mit einer Gruppe liegender Kühe gemalt – in fast allen großen Gemäldegalerien Europas hängt. Der Potter'sche Stier reiht sich ein in eine unendliche Serie von Darstellungen bukolischen Landlebens, durch das der Bürger und Händler hindurchreitet und in dem das Vieh, um ein Haus oder an einem Fluss lagernd, eine unauffällige, aber tragende Rolle spielte.

Rinder waren in der Tat ein nicht mehr wegzudenkender Bestandteil der agrarischen Gesellschaften dieser Zeit. Sie sorgten mit ihrem Mist für die Düngung der Felder, die Ochsen waren Zugtiere, mit ihnen wurde gepflügt und gedroschen, sie holten Holz aus den Wäldern, transportierten Baustoffe, trugen große Lasten über große Entfernungen, trieben durch stundenlanges Gehen im Kreis der Göpel Wasserpumpen und Mühlen an. Die Kühe bekamen Kälber, zogen den Nachwuchs mit ihrer Milch auf, dienten im Zweifelsfall auch selbst als Gespanntiere, wurden aber mehr und mehr wegen ihrer Milch gehalten, von denen die Menschen tranken und aus denen sie Käse und Butter herstellten. Tatsächlich gilt als eine Erklärung für den kulturellen und technologischen Vorsprung zuerst des Nahen Ostens und dann Europas in der Welt, dass es hier domestizierbare Tiere gab, die in den Dienst genommen werden konnten. Schon früh entwickelte sich in den Kulturen, in denen das Rind zur Grundlage der Entwicklung wurde, bei den Menschen auch eine Verdauungsfähigkeit von Rohmilch. Der Bevölkerungszuwachs, der dadurch in solchen Gruppen möglich wurde, wird auf knapp zwanzig Prozent höher geschätzt als bei den Nachbarn, die Milcheiweiß nicht vertrugen.

In den Niederlanden war im 17. Jahrhundert durch Seefahrt und kolonialen Reichtum das sogenannte Goldene Zeitalter der Malerei ermöglicht worden. Schon zuvor hatte jahrhundertelang eine Landgewinnung aus dem Meer Getreidelandschaften erschaffen, die einen großen Teil der sandigen und moorigen Böden im Inneren des Landes freimachten zur Haltung der großen Wiederkäuer. Auf dem Marktplatz der Stadt Gouda bot man bereits seit dem 12. Jahrhundert Käse in großen Mengen an und exportierte Käse und Butter ins Ausland.

Viele Jahrhunderte garantierte in Europa der Besitz einer Kuh vielen armen Leuten auf dem Lande und an den Rändern der Städte das Überleben – durch Armut, Kriege und Revolutionen hindurch und selbst auf der Flucht. Womöglich war es auch diese Erfahrung, die den Darstellungen friedlich-freundlicher Bauernhöfe und ihren Milchkühen in Kinder- und anderen Büchern zur ewigen Wahrheit verhalf.

Und so möchte ich noch einmal zurückkommen auf den Anfang, auf Marc Chagall, der als Kind aus Mitleid mit der kleinen Kuh das Fleisch verschmähen wollte und es dann doch aß. Immer wieder versteckte er im Hintergrund oder in einer Ecke seiner Gemälde von Kreuzigungen, Liebespaaren und Blumensträußen eine kleine weiße, manchmal auch blau- oder gelbgesichtige Kuh. Sie wird vielleicht gerade gemolken oder geht mit einem Sonnenschirm spazieren, neben ihr liegt nicht selten eine Geige. Kuh, Melkerin und Geige, scheint mir, waren für den Maler Sinnbilder eines bäuerlich-jüdisch-kleinstädtischen Alltags, wie er ihn aus seinem Heimatort Witebsk in Belarus kannte. Die kleine weiße Kuh mit der Geige am Fluss neben dem Rabbiner, der im Bild »Einsamkeit« die Thorarollen im Arm hält, war für Chagall kein exotisches Motiv. Sie war tröstende Gegenwart, Gefährtin der Armen und der Revolution, der von Krieg und Pogrom Vertriebenen.

17 GEDANKEN BEIM ALTWERDEN ALS BAUER. DIE SKEPSIS DER JUNGEN.

AM NÄCHSTEN MORGEN entlädt sich um sechs Uhr ein heftiges Gewitter, aber es regnet nur kurz. Hannes muss wieder den Futterroboter reparieren, auch die vordere Bockrolle funktionierte nicht mehr. Beim späten Frühstück sprechen wir über den seit der Installation vor drei Jahren existierenden Ärger mit dem Gerät. Waldemar meint, er hätte wegen der leichten Neigung des Weges nicht eingebaut werden dürfen, aber der Berater gab sein Okay. Von Anfang an schmierte er bei Regen ab, rutschte vom Weg und konnte nicht zurück, blieb stecken. Hannes ist der Meinung, er sei technisch einfach nicht ausgereift, zu kleine Räder, schlecht ausgewogene Gewichtung, das ganze Ding top-heavy. Er hat schon viele E-Mails geschrieben, mal Verbesserungsvorschläge gemacht, mal wütend reklamiert. Statt seine Anregungen an die Entwicklungsabteilung weiterzugeben oder sich wenigstens für seine Vorschläge zu bedanken, wird immer nur verzögert reagiert und vage versichert, man werde dies und jenes prüfen. Ohne Ergebnis. In der nächsten Robotergeneration wird man die Verbesserungen vermutlich einbauen – und so werden die Landwirte auch noch zu unentgeltlichen, technischen Entwicklungshelfern.

Waldemar macht den Trecker und die daran befestigten Maschinen fertig zur Rübsen- und Gelbsenfsaat auf abgeernteten Maisfeldern. Diese Wintersaat ist dazu da, den Boden vor Erosion zu schützen und Restnährstoffe zu binden, sodass sie nicht ausgewaschen werden und als Gründüngung für die Folgekultur wieder zur Verfügung stehen. Mein Bruder hat heute Vormittag seinen zehnjährigen Enkel im Schlepptau, der sich vom Kindersitz aus begeistert ansehen wird, wie der Mulcher, die Scheibenegge und die Packerwalze den Boden bereiten für die ganz hinten angehängte Sämaschine. Der Maschinenaufwand vor und hinter dem Trecker sieht für Uneingeweihte vielleicht monströs aus. Würde man aber nicht vier Geräte gleichzeitig anbauen, müsste man viermal über denselben Acker fahren – mit entsprechend zusätzlichem Zeitaufwand und Dieselverbrauch.

Für den Enkel muss jetzt der Seitsitz noch etwas verändert werden, anfangs rasten die Seitenteile des kleinen Sitzes nicht ein. Mit viel Hin-und-Her-Geruckel kriegt mein Bruder es hin – in dieser halb gebückten, halb gedrehten Haltung vom Fahrersitz aus, das spürt er bestimmt im Rücken, denke ich.

Endlich fahren sie los.

Am Nachmittag sitze dann ich auf dem – für mich wieder neu zurechtgeruckelten – Seitsitz und begleite meinen Bruder ins Moor. Es sind dieselben langen Wege dorthin wie früher. Aber man fährt über bessere Straßen und an sehr viel mehr Einfamilienhäusern vorbei. Bauernhöfe gibt es kaum noch, auch Rinder sind nicht mehr zu sehen, nur ein paar einsame Hobbypferde, Ponys und Schafe.

Der Trecker ist laut, beide hängen wir unseren Gedanken nach.

Auf dem Feldstück angekommen, fädelt Waldemar den Trecker und seine Geräte in die Reihen ein, fährt über die Maisstrünke, die zerschlagen im Boden landen und im Verrotten seine Struktur stabilisieren werden. Die Fahrt ist langsam, das Brummen des Treckermotors tief, die Erde hinter uns sehr schwarz.

Ein verhangener Tag. Auf dem Nachbarfeld ist Mais zum Dreschen stehen geblieben, vom nahe gelegenen Waldrand leuchten weiß die Stämme der jungen Birken, die ihr Laub schon verloren haben. Über ihnen sind in der Ferne ein paar Windräder zu sehen. Die Wolken liegen schwer über der Landschaft.

In langen Abständen fällt mal ein Wort, frage ich nach einem Detail, machen wir uns gegenseitig aufmerksam, wenn ein Hase wegrennt, eine Gruppe Rehe nicht weit entfernt von uns äst. Dann sagt Waldemar, dass ihm die Arbeit auf dem Feld immer noch gefällt. Er sei glücklich mit diesem Draußensein.

»Viele sagen, ich hätte ja einen Knall und sollte mich mit meinen 66 Jahren mal zur Ruhe setzen, Urlaub machen, wegfahren.«

»Und hast du dazu keine Lust?«, frage ich und weiß, dass das eine dämliche Frage ist. Was heißt hier Lust, wenn man Milchvieh hat. 365 Tage im Jahr.

»Ochnö«, sagt er. Höchstens die Alpen würden ihn mal interessieren.

Aber wir wissen beide, dass es im Alter für einen Bauern nicht wirklich um Urlaube oder Reisen geht. Es geht um den langsamen Rückzug aus der Führung des Betriebs. Das macht mein Bruder mit einem lachenden und einem weinenden Auge, ein wenig Erleichterung und viel Wehmut. Schön ist, dass sich Vater und Sohn so gut verstehen.

»Hannes holt sich bei wichtigen Fragen gerne noch meinen Rat«, sagt er. »Und dann trifft er seine Entscheidung. Die gefällt mir, oder auch mal nicht. Aber ich akzeptiere sie.« Dann setzt er, ins Weite blickend und auf einen Vogelzug am dunklen Himmel zeigend, hinzu: »So einfach ist das.« Und grient.

Das Wichtigste ist, dass man Haus und Hof gut bestellt hat für die nächste Generation. Und wir wissen beide, dass Anna und er das wirklich und wahrhaftig getan haben. Ob es für eine Zukunft reicht, wie sie Hannes bevorsteht, das wissen wir nicht.

Am Abend dann ein seltener Moment zwischen meinem Neffen und mir. Wir sitzen nach dem Abendbrot noch ein bisschen in Ruhe miteinander am Tisch und unterhalten uns. Eltern und Partnerin haben sich zurückgezogen. Es geht um die Zukunft.

»Ich bin in dem Alter«, sagt er, »in dem man sich fragt, welche Art von Betrieb man jetzt und in Zukunft führen will.«

Ja, denke ich bei mir. An einer Betriebsübernahme ist wirklich nichts Selbstverständliches mehr. Im Gegenteil. Es ist sogar die Ausnahme, wenn heutzutage jemand in der Landwirtschaft bleiben will, besonders wenn es um Milchvieh geht. Mir hat Hannes schon vor Jahren einmal erzählt, dass selbst Zuchtorganisationen über einen Mangel an Arbeitskräften klagen, obwohl man, anders als in der Landwirtschaft selbst, dort geregelte Arbeitszeiten und ein festes Gehalt hat. Keiner will mehr etwas mit lebendigen Tieren, ihren Körpern, ihren Geburten, Toden, ihren Gerüchen und ihrem Mist zu tun haben. Und keiner schlägt sich mehr mit Freude auf die Seite der Menschen, die ein derartig niedriges soziales Ansehen haben wie die, die unsere Nahrung erzeugen.

Hannes würde, so erzählt er mir an diesem Abend, gerne einen neuen Stall bauen, aber die notwendige Investition läge in einem Bereich von zwei Millionen Euro und mehr. Das würde eine Bindung an den Beruf und den Betrieb für mindestens dreißig Jahre bedeuten.

»Ich will ja gar nichts anderes sein als Landwirt. Aber die politischen und finanziellen Bedingungen machen mich unsicher. Ich bin skeptisch, ob das überhaupt noch funktionieren kann.«

Wir wissen beide, welche Themen zu dieser Skepsis geführt haben: die höheren Anforderungen an das Tierwohl, die hohe Baukosten verursachen, gleichzeitig keine auskömmlichen Erzeugerpreise, Verpflichtung für eine circa achtmonatige Lagerungskapazität von Gülle. Und ständig kommen neue Vorschriften, sodass man sich kaum noch zu investieren traut. Denn schon morgen könnten andere Vorschriften die Investition von gestern sinnlos machen.

Es geht manchmal, so hat man den Eindruck, weniger um die Tierhaltung selbst, denn alle Tierhalter sind für Verbesserungen zu haben, wenn sie bezahlbar sind. Was die Bauern fassungslos macht und viele verbittert, ist, dass alle gesetzlichen Einschränkungen der hiesigen Landwirtschaft ohne Nachfrage von der Öffentlichkeit akzeptiert werden und besonders Viehhaltern inzwischen jede Misshandlung ihrer Tiere zugetraut wird. So sagte etwa im Oktober 2022 bei einer Talkshow von Radio Bremen, »3nach9«, ein Schauspieler, er wisse Bescheid über den Umgang mit Kälbern, die würden nämlich direkt nach der Geburt in einen Container geworfen, Schicht um Schicht, und die unteren erstickten unter den oberen. Die Zuschauer schauten bedrückt und keiner der anwesenden prominenten Journalisten fragte auch nur die kleinste Frage, etwa woher er das wisse und wo das geschehen und ob das den Tierschutzbehörden gemeldet worden sei. Nein, man hielt solch ein kriminelles Verhalten offenbar allgemein für möglich – als alltäglichen Umgang mit dem Nachwuchs auf einem Milchbetrieb.

Das Bild der Kuh als Klimakillerin kommt hinzu.

Die falschen Bilder haben sich verfestigt.

Ist der zunehmend vegetarische und vegane Lebensstil von immer mehr Menschen, von MeinungsführerInnen und MinisterInnen durch all dies ausgelöst worden? Oder ist das der Auslöser dafür, dass sich viele Menschen lieber genetisch verändertes Erbsenpüree mit Fleischaroma auf ihre Teller legen als ein Stück Fleisch? Oder sich lieber Hafer-, Soja- und Mandeldrinks in den Kaffee tun als Kuhmilch, oder ihren Kindern daraus Pudding kochen?

Als 2022 der Weltklimarat meldete, der Methanausstoß der Rinder sei jahrelang als zu hoch angesetzt worden – und zwar um das Dreifache zu hoch! –, war dies keiner Zeitung eine Schlagzeile wert. Und dass die Sorgfalt, mit der auch in der konventionellen Landwirtschaft mit Böden und Vieh umgegangen wird, sich verbessert hat, dass die Anzahl der Milchkühe in Deutschland im Moment kontinuierlich sinkt, und dass entschieden weniger Chemie und Pharmazie eingesetzt werden als noch vor zehn oder zwanzig Jahren, wird in der Öffentlichkeit ebenso wenig wahrgenommen.

Das alles lässt Hannes zögern.

Wenn man zynisch wäre, sagt er an diesem Abend, könnte man darauf hoffen, dass am Ende so viele Bauern in Deutschland, vielleicht sogar in ganz Europa, mit der Milchviehhaltung aufhören, dass am Ende der Erzeugerpreis hoch genug wird, sodass man vom Melken gut leben könnte. Dann könnte er endlich einen neuen Stall bauen. Denn natürlich sieht mein Neffe sehr genau, dass der Stall veraltet ist. Ein erster, vorsichtiger Schritt, so hatte er es mit einem Kollegen durchgerechnet, könnte sein, einen großen Güllekeller zu bauen. Ein Güllebehälter, groß genug, um für acht Monate die Gülle zugunsten des Grundwasserschutzes zu speichern, ist demnächst sowieso vorgeschrieben. Auf diese Art hätte er schon einmal den Behälter, über dem sich dann, wenn die Bedingungen der Milchviehhaltung sich verbessern sollten, ein Stall bauen ließe – hell und gut gelüftet und mit größeren Liegeboxen für die Kühe.

»Könntest du dann die Melkroboter mitnehmen?«, frage ich.

»Ach, bis dahin wären die auch schon zu alt«, sagt er.

Da habe ich wohl verpasst, dass der erste der beiden Roboter schon bald abgeschrieben ist.

»Aber was wirklich bremst«, sagt er, »sind die Banken. Sie geben dafür keine Kredite. Wenn du bauen willst, musst du richtig klotzen. So was Halbes wie den Güllekeller, so sehen sie das, finanzieren sie dir nicht.«

Ich bin mal wieder platt.

»Tja«, sagt mein Neffe und zieht die Nase kraus, »ein Familienbetrieb wie unserer kann heutzutage nicht mehr langsam wachsen. Man muss ein Gesamtkonzept vorlegen plus Gutachten aller Art, die auch viel Geld kosten, man muss Bauanträge stellen, allen ökologischen Standards und politischen Auflagen genügen. Das treibt dann die Kosten derartig hoch, dass die Bankexperten befinden, der zu erwartende Umsatz ist für die Investition eigentlich nicht hoch genug. Also empfehlen sie, gleich so zu bauen, dass mehr Gewinn erwirtschaftet werden kann – und das heißt: mehr Tiere zu halten.«

»Kann es sein«, frage ich verwundert, »dass die Forderungen an die Tierhalter genau zum Gegenteil dessen führt, was erreicht werden soll, in diesem Fall also Massentierhaltung in Riesenbetrieben anstatt überschaubarer Herden in bäuerlichen Familienbetrieben?«

»Sieht so aus«, sagt Hannes, der langsam müde wird.

Nein, es gibt keine Verschwörung gegen die heimische Landwirtschaft, auch wenn es sich für die Bauern manchmal so anfühlt. Dass den Bauern die Luft zum Atmen genommen wird, hat nicht nur eine Ursache und es sind unterschiedliche ›Player‹ beteiligt. Die Politik, die die gesetzlichen Rahmenbedingungen setzt, die Banken, die ihre Kredite absichern wollen, und vor allem die mächtigen Konzerne des Lebensmitteleinzelhandels (LEH), die mit ihren ständigen Preiskämpfen untereinander für zu niedrige Erzeugerpreise sorgen. Das Ergebnis dieser Situation ist, dass seit Jahrzehnten Bauern ihre Höfe aufgeben – in den letzten zehn Jahren hat ein Drittel der Milchviehhalter aufgegeben, bei den Sauenhaltern waren es sogar die Hälfte.

Im Moment verschärft sich dieser Trend noch durch »grüne« Forderungen nach mehr Naturschutz und mehr Tierwohl. Die nötigen Investitionen können nicht nur die kleinen, sondern auch die mittelgroßen Betriebe bald nicht mehr leisten – und geben auf. Es herrscht in der mehrheitlich städtischen Bevölkerung ein totales Unverständnis für tierhaltende Landwirte, und dieses Unverständnis wird von den Meinungs- und Politikmachern des Landes geteilt. Das hat zu einer gesellschaftlichen Stimmung geführt, die sich immer mehr verfestigt zu einer generellen Vorverurteilung der Landwirtschaft.

Ein kleines Beispiel dafür ist vielleicht das Mindesttransportalter für Kälber. Sie sollen jetzt erst nach vier statt nach zwei Wochen den Hof verlassen dürfen. Es klingt erst einmal logisch, dass ein älteres Tier robuster ist als ein jüngeres. Aber tatsächlich ist es in diesem Falle umgekehrt. Denn solange ein Kalb Biestmilch, also Kolostrum erhält, ist der Schutz gegen Infektionen hoch. Sobald die Ernährung mit normaler Milch oder Milchaustauscher beginnt, sinkt der Immunschutz und das Kalb beginnt sich durch die Kinderkrankheiten zu kämpfen, ist also erst einmal empfindlicher.

Ein anderes Beispiel ist der Insektenschutz. Nach dem Auslaufen der Blühstreifenförderung sollen Landwirte jetzt prinzipiell bis vier Prozent ihrer Fläche unbestellt lassen – eben damit dort wilde Blumen und Kräuter wachsen und so mehr Insekten sich ernähren könnten. Ausgegangen wird davon, dass am Insektensterben die moderne Landwirtschaft schuld hat. So jedenfalls wurde die berühmte Krefelder Insektenstudie von 2017 interpretiert, in der für die Jahre von 1989 bis 2016 ein enormer Rückgang der Biomasse an Insekten festgestellt wurde. Der Befund in den im Naturschutzgebiet Orbroich aufgestellten Fallen war eindeutig und bedrohlich. Daran konnte nur eine Gift versprühende, großräumige Landwirtschaft schuld sein.

Ein Biolandwirt, NABU-Mitglied, Insekten-Fan und Nachbar des Untersuchungsgebiets, Herwig Scholz, hat die Sache anders interpretiert. Für ihn hat das Insektensterben in diesen gut 25 Jahren vor allem mit dem Verschwinden der kleinen Bauernhöfe zu tun, die ihre Kühe auf dem umgebenden Grünland weiden ließen. Mit den Rindern verschwanden auch die Schmeißfliegen, die von den Nährstoffen in den Kuhfladen leben, und damit ein großer Teil der ursprünglich ansässigen Insektenwelt. Einen weiteren Grund hat er ausgemacht im Dünge- und Kalkungsverbot für das jetzt im Naturschutzgebiet befindliche Grünland. Der fehlende Kalk lässt die Böden versauern, es wächst kein Klee mehr, Hummeln und Wildbienen finden keine Nahrung und verschwinden ebenfalls. Mit der vorgeschriebenen Mahd der Weiden werden zudem große Insektenmengen zusammen mit dem Heu abgefahren. Fehlende Misthaufen, abgedecke Güllebehälter und weitreichende Hygieneregeln in der Milchverarbeitung sowie der in der Nähe des Naturschutzgebiets unter Folien stattfindende Gemüseanbau – alles verhindert ein lebhaftes Insektenleben. So identifiziert Herwig Scholz als wirkliches Problem »die Aufgabe der kleinbäuerlichen Strukturen und die ständige Steigerung der Forderungen, Gebote und Verbote«.

Hat schon einmal einer etwas von Herwig Scholz gehört? Wurde er in den Medien zitiert? Aber jene vier Prozent Brache sind Gesetz geworden – und werden, so sagen auch Insektenfreunde, für Insektenmenge und -vielfalt nicht wirklich etwas bringen. Denn Selbstbegrünung ist kein Selbstläufer.

Zurück zu meinem Neffen.

Ich finde seine Planung, also zuerst einmal Güllekeller zu bauen, sehr vernünftig. Er bliebe bei der Anzahl der Milchkühe und verbesserte im nächsten Schritt den Tierkomfort. Aber die Banken interessiert das natürlich nicht, sie haben ihre eigenen Vorgaben für Kredite. Dabei würden sie so oder so kein großes Risiko eingehen. Denn wenn ein Bauer seinen Kredit nicht zahlen kann, kann die Bank, wenn es schiefgeht, ihre Hand auf das Land legen.

Tatsächlich ist es das Land auf dem Lande, es sind die Böden, die inzwischen als das Wertvollste angesehen werden, und zwar nicht als lehmige oder moorige oder sandige und überhaupt lebensspendende, humushaltige Grundlage unserer Ernährung. Sondern als Stellplätze für Wohn- und Gewerbegebäude, für die endlosen Hallen der Logistikzentren, für Windräder und Fotovoltaikanlagen. Es sind nicht die besonderen Qualitäten besonderer Böden, es sind nicht die Kühe, die mit ihrer Milch, der Butter und dem Käse zur Ernährung der Menschen beitragen, und es sind erst recht nicht die hier arbeitenden Menschen, ihre Qualifikation in Ackerbau und

Viehzucht, ihre Kenntnisse und ihre Fähigkeiten im Umgang mit Vieh und kluger Robotik, die gesellschaftlich geschätzt werden. Nein, es ist der simple kommerzielle, d. h. abstrakte, in Geld gerechnete Wert von Grund und Boden, der die Entwicklung bestimmt.

Die Frage ist für Hannes, ob er hier mitmachen soll oder gegenhalten kann. Noch weiß er es nicht so genau.

Mich beruhigt ein wenig, dass so oder so der Geldwert des Bodens eine Lebensversicherung für ihn und seine zukünftige Familie ist. Aber ob Hannes auf seinem Hof wirklich Bauer bleiben kann, ist noch nicht ausgemacht.

Wir sprechen an diesem Abend noch über viele Unwägbarkeiten, etwa über die zunehmende Gefahr großer Freihandelsabschlüsse, die dazu führen werden, dass viele Lebensmittel, etwa durch Importe aus Südamerika, auf die hiesigen Märkte fließen. Was die jungen Bauern seiner Generation irritiert, sagt er, ist die Tatsache, dass importierte Lebensmittel meistens nicht unter so strengen Natur-, Wasser- und Sozialschutzregeln angebaut und verarbeitet wurden, wie es in Deutschland gesetzlich vorgeschrieben ist. Eines der Beispiele ist der Pflanzenschutz. Herbizide und Pestizide, die in ganz Europa seit Jahrzehnten verboten sind, werden in anderen Weltgegenden weiterhin eingesetzt. So kommen durch internationale Verträge hier Lebensmittel auf den Markt, die mit in der EU nicht zugelassenen Mitteln behandelt wurden. Abgesehen davon, dass dies den überseeischen Erzeugern Kosten spart, gefährdet es unter Umständen die hiesige Bevölkerung durch Rückstände in der eingeführten Nahrung. Hannes zeigt mir das Foto eines Dokuments aus dem Bundestag, das neulich in bäuerlichen Kreisen die Runde machte. Auf die Frage, ob die Regierung die Einfuhr solcher Lebensmittel zu verbieten gedenke, kam die Antwort – und ich fasse hier die amtsdeutschen Formulierungen einmal zusammen: Einerseits JA, denn solche Lebensmittel sind »in der EU nicht verkehrsfähig«; andererseits aber auch NEIN, »sofern« diese Rückstände nicht zugelassener Pflanzenschutzmittel »gesundheitlich unbedenklich« seien. (Quelle: Drucksache 20/4206 des Deutschen Bundestags).

Natürlich fragen sich die hiesigen Bauern, warum sie selbst dann solche Mittel nicht nutzen dürfen. Den Hinweis auf den Schutz unserer Natur und unseres Grundwassers können sie nur als zynisch empfinden. Bedeutet der ja nichts anderes, als dass die Natur und das Wasser – und die Landarbeiter und Landarbeiterinnen – in Südamerika oder Südostasien vergiftet werden dürfen, solange die dort erzeugten Lebensmittel in den Supermärkten Europas ihren Platz im Regal finden.

»Es wäre schön, wenn die Verbraucher verstünden, dass beide, sie selbst und die Bauern, von den großen Handelsketten ausgenutzt und manipuliert werden«, sagte mir kürzlich mein Bruder.

Dass lange Lieferketten reichliche Gefahren in sich bergen, wissen wir seit Corona. Und es ist auch allgemein bekannt, dass durch den Ausfall ukrainischen Getreides und russischen Düngers große Preissteigerungen und in einigen Teilen der Welt sogar Hungersnöte drohen. Dennoch wird diese Politik nicht geändert.

Die Lösung, die keine Lösung ist, ist das Warten.

Oder ist es am Ende doch eine Lösung?

Die alte Bauerntugend der Beharrlichkeit?

ABENDS UND MORGENS, JEDEN TAG, JEDES JAHR

JEDEN MORGEN MITEINANDER der erste Gang zum Vieh, das in eurer Obhut ist. Vom Wecker aus dem Schlaf gerissen in die Unterwäsche schlüpfen, durch den meist noch dunklen Flur tappen, die leicht nach Tieren riechende Arbeitskleidung anziehen im Schleusenraum, der zwischen Menschen- und Tierwelt trennt und vermittelt. Begrüßt und begleitet von den Helfern, Hund und Katzen. Ihr geht zu den Tieren, ihre Körper sind warm. Ihr mischt euch unter die Herde mit der eigenen Lebendigkeit, berührt sie mit Hand und Auge, seht nach dem Rechten. Einige Kühe liegen und kauen, andere stehen und fressen, gehen zur Tränke, zum Leckstein, zum Melken. Eine Lebendigkeit für die andere. Verletzlich und gewaltsam, ängstlich und wütend. In gewissem Maße einander spiegelnd.

Und das geschieht an jedem Morgen in jedem Jahr, bei jedem Wetter, sommers wie winters. Ob nachts über die Stränge geschlagen, verkatert oder noch kaputt vom Tag oder den Tagen zuvor, als gesät oder geerntet, gebaut oder dem Tierarzt assistiert wurde beim Verarzten oder Impfen der Herde. Auch wenn Weihnachten, Ostern oder Pfingsten gefeiert werden, wenn einer Hochzeit macht, ein Kind geboren, ein Nachbar oder die eigene Mutter beerdigt werden.

Es geht in den Stall.

Keine Ausrede gilt.

Keiner sucht eine.

Ernste Krankheiten ziehen ernste Einschränkungen der Wirtschaft nach sich. Andere Krankheiten gelten nicht.

Nachdem ich den Hof verlassen hatte und zum Studium in eine hessische Kleinstadt gezogen war, quälte mich bald ein in vielen Nächten wiederkehrender Albtraum. Sein stärkster Eindruck war das Dröhnen der Erde in meinen Ohren und ihr Beben unter meinen Füßen. Denn in diesem Traum, aus dem ich jedes Mal angstvoll hochschreckte, waren die Milchkühe aus der Weide ausgebrochen. In meinem Traum war ich alleine auf dem Hof, hörte das rhythmische Stampfen der Herde auf dem unter ihren Hufen federnden Boden und spürte sein Zittern im ganzen Körper. In fliegender Eile versuchte ich, mit Balken und Drähten alle Eingänge zum Inneren des Hofes, zur Scheune und zur Straße zu verschließen, sodass den Kühen einzig und alleine der Weg in den Kuhstall bliebe und ich sie dort würde anketten können.

Tatsächlich war es ja manchmal in der Mittagshitze eines Sommertages passiert, dass die Kühe aus der Weide ausbrachen. Eine machte den Anfang, drückte direkt neben dem verschlossenen Holzgatter gegen den Draht oder versuchte, untendurch zu kriechen, zerriss dabei den Draht und öffnete so den Weg für alle anderen. Es konnte die Hitze sein, die die Kühe quälte, tatsächlich war manchmal sogar kein Wasser mehr da gewesen, entweder waren die Selbsttränken abgesoffen oder die Bottiche leer getrunken. Aber viel wahrscheinlicher war es, dass Insekten die Kühe drangsalierten, besonders die Bremsen taten sich hervor, saßen den Kühen im Gesicht, um die Augen und die Nase herum, hatten sich festgesetzt in Schleim- oder Tränenbahnen, auch an Schwanzwurzel und Euter, und sie stachen zu. Dann half es den großen Tieren auch nichts mehr, den Schwanz zu heben und im Galopp über die Weide zu stürmen, was eine nach der anderen dennoch tat, um ihre Quälgeister loszuwerden. Deshalb rannten sie dann alle hinter der einen her, die es geschafft hatte, den Zaun zu zerreißen und die Weide zu verlassen, galoppierten nach Hause in Richtung Stall, wo schattige Kühle auf sie wartete.

Für uns war das Problem, dass es Teile des Weges in den Kuhstall gab, der aus nicht fest installierten Zäunen bestand, die also immer nur hervorgezogen und geschoben wurden, wenn einer von uns losgegangen war, um die Kühe zum Melken in den Stall zu holen. Waren die Drähte und Balken nicht geschlossen worden, von denen die Herde zu den beiden Eingangstüren der Stallseiten zum Melken geleitet wurden, brachen die Kühe nach rechts oder links vom Weg aus, liefen auf dem Hofplatz umher oder sogar auf die Straße, verirrten sich zur Jauchegrube, deren Platte beschädigt war und gefährlich unter ihrem Gewicht bröckeln könnte – tatsächlich brach einmal eine Kuh in sie ein. Oder sie stiegen auf einen Silagehaufen und zerstörten die ihn luftdicht abschließende Folie, was das Winterfutter schimmeln ließ.

Das sommerlich-alltägliche Tun, alles zur Ankunft der Herde so vorzubereiten, dass sie nichts anderes tun konnte, als in die Ställe zu spazieren, war zwar eine uns allen in Fleisch und Blut übergegangene Tätigkeit. Aber manchmal geschah es eben doch, dass das Versprechen an die zum Küheholen losgegangene Schwester oder den Bruder, den Hof für die Ankunft der Kühe vorzubereiten, vergessen worden war und ich erst in allerletzter Minute losrannte, um es zu tun. Oder ich tat nicht einmal das, hatte vielmehr auf der anderen Seite des Hauses im Zimmer über einer spannenden Lektüre Zeit und Raum vergessen, sodass bei Ankunft der Herde alle Zugänge offen waren. Die jüngeren Kühe nahmen die Gelegenheit gerne wahr und sprangen übermütig vom Weg ab, erkundeten Ecken des Hofes, die ihnen ansonsten verwehrt waren, ängstigten die Hühner und Enten, die auf dem Hof frei oder in Gattern mit ihren Küken liefen, während die älteren Kühe und vielleicht auch diejenigen, die von der Last der Milch im Euter bedrängt wurden, brav auf ihre Plätze im

Stall gingen, wo zuverlässig Schatten und Wasser in den Tränken zu finden waren. Es kostete viel Zeit und Gerenne, die Kühe wieder einzufangen und in den Stall zu treiben, wenn die Vorbereitungsarbeit nicht gemacht worden war.

In meinem Traum befand ich mich alleine auf dem Hof, hörte das Dröhnen der rennenden Herde, spürte die Erde unter ihren Hufen beben – und fast war es, als erklänge über allem die dramatische Musik, die eine solche Stampede in Cowboyfilmen unbedingt untermalen musste – und mühte mich verzweifelt, alle Zugänge zu Hof und Straße, alle Gefährdungen für die Kühe selbst durch ihren gewaltsamen Auftritt abzuwenden.

Natürlich war das nicht zu schaffen und ich schaffte es auch nicht. Mitten im Chaos der durchgehenden Kühe wachte ich ruckartig aus diesem angstvollen Schrecken auf und hatte einen Tag lang in der Stadt wieder die Kühe vor meinem inneren Auge, wie sie im gestreckten Lauf den Hof überrennen.

Viele Jahre war das so, aber inzwischen habe ich diesen Traum lange nicht mehr geträumt.

Dann ging ich neulich an einer sehr breiten Straße entlang, einem Damm, wie man in Berlin sagt, in der die früheren Baumalleen im Mittelstreifen, die den Verkehr in die Richtung stadtauswärts von dem stadteinwärts trennten, schon lange von parkenden Autos eingenommen werden. Meine Schritte und die von Hunderten anderer Menschen hallten auf den Steinplatten des Bürgersteigs, der straßenseits von heftigem Autoverkehr, auf der Seite der Häuser von Schaufenstern begleitet wurde. Immer wieder standen im Weg und die Breite des Fußgängerweges schmälernd zusätzliche Schaustände voller Waren, die um unsere Aufmerksamkeit, um unseren Einkauf warben.

Plötzlich sah ich eine Kuh.

Die gemächlich vor mir herging.

Ich fragte mich, was zu tun sei, und wusste gleich, dass ich langsamer werden musste, meine Schritte wurden kürzer, ich atmete tiefer, passte mich dem Rhythmus des gehenden Tieres an. Und gleichzeitig sorgte ich mich, dass ich nicht einschätzen konnte, ob die Kuh bei ihrem Gang durch die Stadt in dieser schnurgeraden Linie bleiben würde, parallel zu der Häuser- und Schaufensterwand auf der einen und zur Straße mit ihrem je dreispurigen Verkehrsfluss auf der anderen Seite. Im Moment bemerkte die Kuh vielleicht nur nicht, dass sie jederzeit ausbrechen könnte und auf die Straße laufen – oder in eines der Häuser hinein, falls sich in einem der Eingänge überraschend eine Tür öffnen würde. Ich sah die Kuh nur von hinten, sah nur Rücken und Schwanz und die Hinterbeine, dazwischen das Euter sanft hin- und herschaukeln.

Es war keine zweite Kuh in Sicht, der sie etwa hinterhertrottete.

Sie hob auch nicht etwa aufgeregt den Kopf und muhte auch nicht.

Sie ging nur völlig ruhigen und gleichmütigen Schrittes vor mir her.

Die anderen Menschen, die uns entgegenkamen oder hinter uns liefen, schienen nicht erstaunt. Vielleicht sahen sie die Kuh gar nicht.

So oder so war mir klar, ich musste die Verantwortung für sie übernehmen.

Denn wie ist eine Welt beschaffen, in der es die Rückbindung an die Tiere nicht mehr gibt?

LITERATUR

KAREN ARMSTRONG, *Kurze Geschichte des Mythos,* Berlin 2005.

STEPHEN BUDIANSKY, *The Covenant of the Wild. How Animals chose Domestication*, New Haven u. London 1999.

BARBARA EHRENREICH, *Blutrituale. Ursprung und Geschichte der Lust am Krieg,* München 1991.

EWALD FRIE, *Ein Hof und elf Geschwister,* München 2023.

JONATHAN SAFRAN FOER, *Tiere essen,* Köln 2010.

DAVID GRAEBER U. DAVID WENGROW, *Anfänge. Eine neue Geschichte der Menschheit,* Stuttgart 2022.

TEMPLE GRANDIN, *Ich bin die Anthropologin auf dem Mars,* München 1997.

TEMPLE GRANDIN, *Ich sehe die Welt wie ein frohes Tier,* Berlin 2006.

ALEXANDER GRAU, *Entfremdet. Zwischen Identitätsverlust und Identitätsfalle,* Springe 2022.

YUVAL NOAH HARARI, *Eine kurze Geschichte der Menschheit*, München 2013.

DONNA HARAWAY, *Das Manifest für Gefährten,* Berlin 2016.

ANITA IDEL, *Die Kuh ist kein Klimakiller! Wie die Agrarindustrie die Erde verwüstet und was wir dagegen tun können,* Weimar b. Marburg 2010.

PETER JAEGGI, *Die heilige Kuh. Eine kleine indische Kulturgeschichte,* Freiburg i. d. Schweiz 2009.

LINDA KALOF (Hg.), *The Oxford Handbook of Animal Studies,* Oxford 2017.

A. L. KENNEDY, *Stierkampf,* Berlin 2001.

KRISTIN KIMBALL, *Das dreckige Leben,* Kandern 2014.

KRISTIN KIMBALL, *Good Husbandry,* New York 2019.

WILLI KREMER-SCHILLINGS, *Satt und unzufrieden. Bauer Willi und das Dilemma der Essensmacher,* Frankfurt 2023.

BRUNO LATOUR, *Das terrestrische Manifest,* Berlin 2018.

NIMROD MAROM U. GUY BAR-OZ, *The prey pathway: a regional history of cattle* (Bos taurus) *and pig* (Sus scrofa) *domestication in the Northern Jordan Valley,* https://journals.plos.org/plosone/article?id=10.1371/journal.pone.0055958 (10.05.2023).

ANNALEE NEWITZ, *Four Lost Cities. A secret History of the Urban Age,* New York 2021.

Sahara – 10.000 Jahre zwischen Weide und Wüste, Handbuch einer Ausstellung, Museen der Stadt Köln 1978.

KARL HEINZ STRIEDTER, *Felsbilder der Sahara,* München 1984.

HANNAH VELTEN, *Cow,* London, 2007.

WELTKLIMARAT, *Climate Change 2021. The Physical Science Basis. Working Group I Contribution to the Sixth Assessment Report of the Intergovernmental Panel on Climate Change,* https://www.ipcc.ch/report/ar6/wg1/downloads/report/IPCC_AR6_WGI_FullReport_small.pdf

RICHARD WHITE, *Are you an Enviromentalist or Do you work for a Living. Work and Nature,* in: William Cronon (Hg.), *Uncommon Ground: Rethinking the Human Place in Nature,* New York 1995.

Umschlaggestaltung: Heidi Sorg und Christof Leistl
Titelmotiv: © Ingo Jakubke_pixabay
Typografie und Satz: frese-werkstatt.de
Druck und Bindung: Pustet, Regensburg
ISBN 978-3-95614-565-0

Marc Chagall, Einsamkeit, 1933 | VG Bild-Kunst, Bonn 2023, akg images